度小月系列

關於度小月 ─────────

　　在台灣古早時期，中南部下港地區的漁民，每逢黑潮退去，漁獲量不佳收入艱困時，為維持生計，便暫時在自家的屋簷下，賣起擔仔麵及其他簡單的小吃，設法自立救濟度過淡季。

　　此後，這種謀生的方式，便廣為流傳稱之為『度小月』。

編 輯 小 札

　　小吃－對許多出門在外的遊子來説，總是間接或直接地；參雜了對家鄉的美好記憶。昏黃的鄉愁裡，很多人　第一個也許懷念母親的拿手小菜，再來可能就是老家門前的舊麵攤了，難怪有人會説，一個人必定得先愛上當地的吃，才能夠真正的愛上這片土地。

　　國人一向是最講究的美食主義者，不僅家常菜、宴客菜琳瑯滿目，小吃更是出類拔萃的精彩，簡直可以用百家爭鳴來形容。請原諒小編們賣弄文字，但是度小月系列出版至今，結輯成冊已經是堂堂的第十一集了，我們的喜悦─一如當初般的炙熱。

　　今天，台灣的小吃早已經被美食家們推崇為歷史上最多樣化的時代。透過更多美味文字的鋪陳，我們將小吃的精神，提升到品味的層次，使它成為一種更精緻的生活方式。

　　其中最具代表性的舉凡蚵仔煎、虱目魚肚粥、萬巒豬腳、大腸蚵仔麵線、甜不辣、台南但仔麵、潤餅、燒仙草、筒仔米糕、花枝羹、東山鴨頭、肉圓、滷肉飯等，都充滿著該地的人文特色。透過地方小吃，遊客可以認識地方特產、文化與許多有趣典故，為旅程增加不少豐富的色彩。

　　除了典型的夜市之外，台灣許多鄉鎮因為特產、氣候及歷史的緣由，產生了許多地方的特色小吃或特產，較有名的如基隆廟口、淡水老街、台南小吃、鹿港小吃等等。由地理蘊育的人文風情，是成就風物采歌的大塊文章 ..

編輯室隨筆

目　錄

Contents

晶瑩飽滿 *102*

高雄──369 小籠湯包

沁人心脾 *120*

高雄──阿婆冰

醇美湯頭 *136*

高雄──冬粉王

聞香下馬 *168*

屏東──趙壽山餛飩豬腳

道地海味 *152*

高雄──哈瑪星黑旗魚丸大王

美味開麥拉

杜韋和佩佩是我認識的兩個小朋友。

說他們是小朋友，是因為論輩分、年紀，於我確實是晚輩。不過，他們兩位卻是我的忘年之交。會有這份機緣認識，是因為2003年的「高雄電影節」活動。那次，我將個人長年珍藏的影片、海報、劇照、對白本、手稿、照片、影帶、剪報等相關文物，全部捐給高雄市電影圖書館，高雄市政府因此特別規劃以「郭南宏的電影世界」活動公開展出。藉由活動機會，他們邀請我上節目專訪，暢談電影的二、三事。卻未料到，彼此談得投緣，竟又促成日後我們長期合作節目的機緣。

我是百分之百高雄出身的孩仔。高雄是我的故鄉，更是我擁有不斷創意的來源。當年編寫的「魂斷西子灣」台語片劇本，就是我坐在愛河畔鳳凰樹下構思的第一本電影故事，後來隻身到台北電影界闖天下，才有日後的成果。五十年後重回高雄，故鄉的一切事物，還是那麼溫馨可愛，除了堅持我對電影不變的理想外，對於周邊年輕朋友有心要實現夢想的願望，我更是鼓勵再鼓勵。

杜韋和佩佩就是我特別推薦給大家的兩位年輕朋友。一方面，他們對自身廣播工作的認真態度和創意思考，令我感到欣賞和認同。另一方面，這本書確實有值得讓我推薦的地方。

在杜韋和佩佩的生花妙筆下，南台灣的美食不只呈現得活潑生動，更像是有了一股生命力似的鮮活了起來。這本書，不但詳細介紹了南台灣—高雄、台南和屏東地方上，久享盛名的各色各種美食，更巨細靡遺的羅列了這些美食小吃的陳年故事、獨門做法和店內佈置。最重要的是，還包含了老闆親身體驗的成功經營手法。多年來，我曾經跟許多年輕朋友聊過，做電影導演的首要任務，就是把老闆投資的錢賺回來，或是，至少不要讓老闆賠錢。所以，時刻對消費市場動向的掌握最重要，唯有如此才是成功經營、屹立不搖之道。我看到他們兩位在撰寫這本書時，能將經營成本分析如此精闢，我相信，對於一班也想開店創業的朋友來說，這應該是個蠻好的參考依據。

若是仔細閱讀，我發現，這更是一本相當完整的南台灣美食導覽資料手冊。對於喜歡四處吃吃喝喝的朋友，一定可以發現很多美食寶藏的地方。或許，在週末假日，大家不妨拿著這本書，好好找找、嚐嚐。

身為高雄的在地人，以及同樣是路邊攤美食的愛好者，我把這本書，特別推薦給大家。

杜韋、佩佩加油！

預祝你們這本書能一版再版又再版。

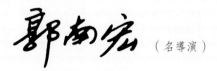（名導演）

幸福的味蕾

杜韋要出書了！

當這個消息，快速的在我週遭朋友間翻騰時，他們幾乎是以一致誇張的語意和表情說，你—杜韋，要出書?! 當他們進一步知道，我寫的是本介紹美食和創業有關的書後，他們更是滿地找眼鏡—不，應該是再去接受一次雷射矯正視力手術。

我必須要先跟您一聲，這是本說美食的書，更是本幫您創業的書。敢跟您這麼誇下海口，憑藉的一是出版社老闆獨到的眼光和點子（這是此一系列書籍的其中一冊），二是作者和編者，加起來超過百歲的舌頭。真的不騙您，這舌頭真的厲害，它不但能在多如牛毛的路邊美食裡，自動搜尋那色、香、味兼具的佼佼者，更能夠細細品出這藏在料理底的酸、甜、苦、辣、鹹 或許，還有些怪味吧!!

這本書寫的是南台灣的路邊攤美食，區域範圍涵蓋台南、高雄、屏東。書裡介紹的攤家，全是從小看著、吃著長大的。對咱南部人而言，他們不但是提供日常飲食的攤販商家，更是大家生命裡一頁頁的回憶。會推薦介紹這些朋友，賣的不只是他們成功的秘訣，更是他們打心底對食物的那份敬意。相信，這也是他們屹立不搖數十載，吸引源源不絕客人上門，唯一添加在食物中最好的調味。

完成這本書，我絕對要叩頭謝恩一堆人。

首先當然是出錢的老闆，若非他堅持出書，恐怕謬司早像斷線的風箏一樣，飛到烏魯木齊國去了。我的搭檔希文，感謝她把食物當作新娘子般，拍的如此鮮豔動人。再者是我的好友佩佩，像她這樣肯當及時雨救援上場的女俠，現在真的很少了。還有 Maggie，一個我始終緣慳一面的化妝師，謝謝她把書編的這麼美。以及來自府城美食文化薰陶長大的趙廣業（Jason）大哥，若非他的義助，這本書恐怕失色不少。當然，所有在文章中，出名、出力，為美食作出見證的大姐、大哥們，超級感謝大家為小弟下海見證美食！！

　　對了，絕對要一提的是，杜爸爸和杜媽媽以及杜妹妹（喔，現在還多了個劉妹夫），打小養成的上館子、吃小吃的習慣，也絕對是功不可沒（真的，我相信，台灣人吃掉一條高速公路的紀錄，其中的高雄—岡山路段，肯定是杜家老小捐獻的）。

　　我要感謝我的眼科醫師洪英彥，他的一雙巧手，讓我重拾"電眼男"的封號，然後能完成這本書。最後，要特別謝謝最可愛的皮卡丘。

　　杜韋，我，一個熱愛美食，卻終日為腰圍數字發愁，拒絕承認不惑的飲食男子。一直以為，應該會出本有關廣播專業的書，為自己從事這個行業十八年留下紀錄。卻沒想到，打小養成喜歡四處趴趴"吃"的不良習慣，竟被出版商相中，出了這本專書。

　　真的，謝謝大家。謝謝大家花錢買這本書。

台南地區

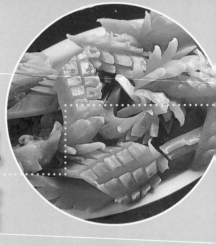

進福炒鱔魚
專門店

江河游來黑龍鱔　進福揚名四海香

大火翻騰鮮滋味　意麵擄汁猶未央

DATA

- 老　　闆：邱進福和陳麗花夫妻
- 店　　齡：35 年
- 地　　址：台南市府前路一段 46 號
- 電　　話：(06)227-5519
- 營業時間：上午 11:00 ～凌晨 2:30(假日從上午 10:30 開始)
- 公 休 日：全年無休
- 人氣商品：鱔魚意麵
- 創業資金：20 幾萬的創業金
- 每日營業額：每天約 3 ～ 4 萬元
- 每月利潤：約 60 萬元的淨利

現場描述

　　或許對許多吃慣大館子的朋友，這樣一個小小的店面無法引起他們的注意，然而這樣傳統老字號的小吃店，卻是台南傳統小吃的特有景觀，道地口味才是這些商家最吸引人的地方！

　　在採訪的過程中，即便已經是下午 2、3 點的光景了，卻依然陸陸續續有著客人前來，其中不乏老主顧帶著早期傳統的鋼製容器，盛裝店內的招牌炒鱔魚回家。店內除了鱔魚之外，涼拌魷魚、麻油腰子也是名菜，結合美食與補身的傳統藥膳料理，是進福 35 年來帶給客人的健康美食！

心路歷程

　　20 歲嫁進夫家的陳麗花，跟隨夫家的上一代一起經營自助餐，爾後，藉由自助餐店磨練出來的廚藝，於是才有了自己創業的想法！23 歲時，也就是民國 60 年，由於台南市是炒鱔魚這道美味小吃的發源地，陳麗花和先生邱進福因應當時市場的熱潮、加上自己原有的料理本事，進而買書回來自己研究，帶著 20 幾萬的創業基金，開創屬於自己的事業　進福炒鱔魚專家。

　　經營了 32 個年頭，期間不斷的鑽研、聽取消費者的意見、並且堅持採用新鮮且自行料理的鱔魚，從早期 1 碗 5 塊錢，到現在 1 碗 70 塊錢；從協進街 7 年的經營，到現址府前路 25 年的光陰；從起初只有鱔魚麵，20 多年前加入了炒花枝、活魷魚等其他特色料理；更從和先生共同創業、到後來自己一個人獨自努力。一路走來，儘管辛苦，然而女人的韌性有時不得不令人驚奇，對餐飲業濃濃的興趣，再加上想憑藉著這項技能，讓自己擁有賺錢謀生的手藝，養活自己和 3 個小孩，因此老闆娘從來沒有放棄創業的念頭；靠著堅忍的個性與過人毅力，直到家中老三退伍後的投入，長年辛苦的她，才總算有了可以分擔的臂膀。因為這對母子對口味的嚴格把關，我們才能輕易吃到美味的進福三寶：炒鱔魚、麻油腰子和北海道活魷魚。

經營狀況

命名來由 ◆◆◆◆◆◆◆◆

　　很簡單的命名方式，由於老闆名字叫進福，因此店名很自然就取名為「進福」。僅管後來老闆娘自己獨力經營這家店時，也曾有過更名為「福進」的想法，但是想想，這個名號已經有它相當的知名度，就連日本觀光客都會拿著美食報導的書籍前來一探，因此幾經思量，老闆娘還是決定沿用「進福」的店名。

地點緣由 ✦✦✦✦✦✦✦

　　民國 60 年剛開始經營時，選擇的地點位在協進街上，經營了 7 年之後，搬遷到現址府前路上。5 年前，這裡一度有拆建為大樓的計畫，幸而因為部份自己購買、擁有此地店家的小吃店老闆堅持不肯出讓，進福才能繼續在此服務所有老客戶及慕名而來的新客戶。

店舖租金 ✦✦✦✦✦✦✦

　　目前位於府前路上的店面，25 年來，租金從 18,000 漲到 25,000，約 30 幾坪、可容納 10 幾桌、50 多人左右。根據老闆娘表示，店租的價格會因為經營的項目不同而不一樣，一般來說，從事熱食油湯的生意，租金比經營其他生意約需貴上 5,000 元

食材特色 ◆◆◆◆◆◆◆◆

在鱔魚的處理上,是非常費工夫的,老闆娘堅持自己殺自己發,如此才能製作出不同於其他家的鱔魚!而在活魷魚的選擇上,首先選擇高級的魷魚做材料,再自己動手以鹼加上食用石灰混合成的鹼水來發泡魷魚,如此不添加化學藥品的製作方式,才能發出脆度十足、肉質香甜的魷魚!

還有在腰子的處理上,需先去除咀嚼質感不佳而且有強烈腥味的內層組織部份,才能保持整體的口感!除了上述原料,另外祖傳的沾醬、猛火快炒的火候技巧,這些都是進福的獨門特色!

硬體設備 ◆◆◆◆◆◆◆◆

經營的 32 年間,除了開幕初期 20 幾萬的創業金之外,32 年來,陸陸續續添購的新桌椅、店面裝潢費用、總共 4 台冰箱、以及其他生財器具等,林林總總花費也有 20 幾萬元。

成本控制 ❖❖❖❖❖❖

　　由於菜價起起落落，故有時成本很難完全控制；倒是魷魚、鱔魚的價格，比較不易有太大變動，再加上合作廠商的長期配合，所以比較能掌控成本。一般食材、人事及營業的整體成本，仍控制在七、八成左右。

口味特色 ❖❖❖❖❖❖❖

　　以進福三寶為例。炒鱔魚最重要的就是要處理到沒有魚腥味，因此，除了鱔魚必須親自特殊處理外，配料也是這道食物好吃的重要原因，加入多少比例的醋、糖、蕃薯粉、米酒、蔥、辣椒，怎樣的火候、多少的勾芡，在在都是一門獨門學問。至於麻油腰子，是一道以形補形的傳統藥膳，腰子的特殊處理，加上快炒的火候，如何以麻油增香、但不至因久煮而萎縮變小，是料理腰子需要特別注意的地方。最後談到活魷魚，這是一道日式吃法的食物，因此除了魷魚發泡的工夫之外，日式豆瓣醬加上梅子汁、蒜

頭、薑汁、糖、蕃茄醬所調製而成的祖傳沾醬，是構成這道美味食物不可缺少的重要配角。

客層調查 ✧✧✧✧✧✧✧

老主顧是這裡的主要客群！近幾年來，由於部份美食節目及書籍的報導，再加上口耳相傳的傳播力，學生族群的飲食生力軍不容忽視。

未來計劃 ✧✧✧✧✧✧✧

關於未來，純樸的老闆娘，秉持著這些年來的經營理念，依然謹守著凡事親力親為。每一天開工的熱情，只想服務更多的客人，看著客人吃得開心，就是她最大的安慰！因此守著店面、幫忙兒子，繼續經營著這家店，就是她最簡單的未來堅持！

開業數據大公開

項　　目	數　字	備　註
創業年數	32 年	目前和第二代共同經營
坪數	30 幾坪	大約可容納 50 多人
租金	25,000 元	
人手數目	4 人，都是服務 10 幾年老員工（不含老闆娘及少老闆）	員工包含專門料理鱔魚、外場服務、準備食材，老闆娘及兒子則負責煮和炒
平均每日來客數	約 200~300 人	假日生意較好
平均每月營業額	約 120 萬左右	大約估算
平均每月進貨成本	約 20~25 萬	大約估算
平均每月淨利	約 60 萬	根據專家估計

如何踏出成功的第一步

「戲棚下站久　就是你的」！陳麗花老闆娘認為她之所以成功，除了東西必需要有自己的特色、好吃、清潔之外，最重要是要有耐心的等待！因為生意絕不是一天就做得起來的，做生意也絕對不會天天生意都非常好的，因此無論遇到什麼樣的難關，都要有耐心的等待、守候。

老闆給菜鳥的話

由於現今的社會，在經濟不景氣、求職不易的情況下，投入餐飲的人相形的增加了不少，因此在競爭對手日益增多之下，老闆娘建議若無法掌握固定的基本顧客群，及沒有耐心等待的決心，很難盼到成功的一天！

若要老闆娘簡單給菜鳥一個建議，她會建議除非真的對料理有興趣，否則能不投入就不要投入，因為處理熱食油湯的工作，會使身體狀況變得較差，箇中辛酸，或許只有投入其中的人才能體會吧！

作法大公開

炒鱔魚麵

材料 （每個的材料）

項　　目	所需份量	價　　格
鱔魚	1 份	時價
麵	1 份	40
大骨（熬湯頭）	一杓	35
配料（含醋、糖、蕃薯粉、蔥、辣椒、蒜頭、米酒）	各少許	時價

（價格 元/台斤）

製作方式

前置處理

　　先行料理鱔魚，有專門處理的人員負責料理鱔魚。首先從魚販處購得的鱔魚，得先在清水中養個一、兩天，等到它吐出泥的味道之後，再以短鑽穿過魚頭、把鱔魚固定在木板上，接下來的部份就是經驗的累積了。如何下刀，可就是門大學問！不過現在已有商販代為處理這道程序了，節省不少時間。

製作步驟

①　首先將魚販處購得的鱔魚，先在清水中養個一、兩天，等到它吐出泥沙的味道。

②　再以短鑽穿過魚頭、把鱔魚固定在木板上，將魚處理好。

③ 　④

以大火熱油，將處理好的鱔魚，快速倒入鍋裡爆炒。這道程序非常重要，若是溫度不夠，油不夠熱，鱔魚肯定軟趴趴的。

⑤

⑥　記得加點米酒去腥，讓鱔魚在炒鍋裡翻騰一下，鱔魚的口感會更讚。

一道熱氣騰騰,口感十足的鱔
魚意麵,就可以上桌啦!!

置入配料和高湯,再把意麵放
進去,讓它和料充分翻炒攪拌。

在家DIY

　　想在家自己處理鱔魚的話,使用的湯頭務必用大骨
先熬過,湯汁才會鮮美。另外火候是最重要的,當火不
夠烈時,炒出來的鱔魚會軟軟的,吃起來完全沒有爽脆
的嚼勁;但是因為家中的爐火並不是做生意專用的,因
此在鱔魚的炒功上,很難達到外面店家的水準。

美味見證

　　台灣各地都有賣鱔魚意麵的攤販，滋味更是不在話下，但為何獨鍾此一味呢？擔任電台 DJ 工作的阿弘（杜瑞弘）說，一句話，就是好吃；因為，你吃過就會明白了。工作關係，阿弘經常跟來上節目的宣傳、藝人們，在晚上下了節目後，相約共進宵夜。而他認為，最能代表正港台南的好味道，當然非進福家的鱔魚意麵莫屬囉!!

獨家撇步

　　除了傳承古味的勾芡之外，以猛火快炒，炒出來的鱔魚才會又香又脆。由於勾芡炒出來的鱔魚口味較甜，若客人不喜歡太甜的口味，則可以選擇乾炒鱔魚的吃法。另外在鱔魚的處理過程上，多加了一道浸泡在鹼性溶液的手續，讓鱔魚吃起來更有爽脆的口感。自製的意麵又是另一項獨門工夫了，以麵粉加蛋不加水製成、本身就工多料實，所以入油鍋炸出來的麵體較大，除了炒起來不易散開之外，炒後經過悶熱，吃起來甘甜柔韌，更是別具一番風味。

阿蘭碗粿
專賣店

店南店北皆一味　但見熟客覓逕來
阿蘭不曾廣招睞　碗粿名聲透京城

TEL：(06) 5724035

DATA

- 老　　闆：郭忠山（阿蘭的兒子）
- 店　　齡：40 年
- 地　　址：台南縣麻豆鎮西門路二段 333 巷 8 號（圓環旁）
- 電　　話：(06) 572-4035
- 營業時間：早上 7:30 ～下午 5:30
- 公 休 日：無休日
- 人氣商品：碗粿
- 創業資金：500 元台幣（當時公務員薪水每月七百元）
- 每日營業額：約 10 萬元
- 每月利潤：180 萬

中山高速公路

西門路

創業維艱

　　從四十年前，阿蘭的父親憑藉著數十個碗粿碗，在市場路邊擺攤創業開始，發展到今天；擁有龐大的中央廚房專事生產和全國性知名度。我們只能說，除了吃苦耐勞的精神外，阿蘭真的很有一套。據阿蘭的長子郭忠山先生轉述，當年的價格，是碗粿一碗賣三到伍塊錢，當時公務人員的薪水，是一個月約六、七百元。當年阿公是以當時數百元的資本額，立下今天千萬元的基業。

度小月系列・賺翻篇
Money 11

29

每日營業額

　　堆積如山的碗粿，層層疊疊的如小山般，是阿蘭碗粿最大的特色。每碗二十五元的價格，便宜又好吃。肚子餓的時候，來碗碗粿，加上熱騰騰的肉羹、豬血湯或是豬腳花生湯，是老人客們的基本組合；若能再來碟小菜，肯定下次一定「擱再來」。老闆笑咪咪的說，每天的銷售量沒有算的很仔細，不過，一天下來，賣出去兩、三千碗碗粿是跑不掉啦!!照這樣計算，一天下來十萬元的營業額，是很保守的估計。

現場描述

　　兩千年大選以後，南台灣的麻豆鎮，成了台灣新總統的老故鄉。近幾年來，更是國人台南觀光遊憩的熱門景點。大家都想來看看這孕育台灣新總統的好山好水，沾點地靈之氣以外順道還可以嚐嚐，被捧上國宴餐桌，成為著名料理的元首家鄉特產－碗粿；到底是怎樣的好滋味。

　　說到碗粿一味，在地人豎起拇指一致推薦，位於麻豆圓環邊的阿蘭碗粿。這排氣勢十足的三層樓四棟連棟透天建築，偌大的門面，佔盡地利之便。面對大門的流理檯，嫻熟俐落的工作人員一字排開，動作迅速的依據來客需要，組合餐點服務；顯示阿蘭碗粿店，早已進入企業化的經營模式。每天從早到晚，只看到一掛一掛的客人川流不息，由遊覽客運車載到門前；然後買走一旁早已打包好的碗粿，五個、十個、二十個絕不嫌手酸。實在好到不行的生意，老闆謙稱，是沾了阿扁總統的福氣和媽媽傳下來的老招牌。正由於客人太多，來這吃碗粿，要習慣與他人併桌共食，不然肯定嚐不到這道地的美食。據說這裡碗粿好吃到，有一位影星每次來阿蘭吃碗粿，還要連同碗和蒸籠一起外帶回台北，下次來時再歸還，顯示出阿蘭的麻豆碗粿獨特魅力。

心路歷程

從高速公路下麻豆交流道，在一排的碗粿店林中，打老遠便可見到麻豆最著名的小吃，屋頂頂著碗公造型看板的─碗粿。麻豆阿蘭碗粿的發展

史，也正是一位台灣少女的奮鬥故事。阿蘭碗粿店名，源自阿嬤林金蘭女士的小名。小時候家裡環境不好，阿蘭十四歲就得跟著父親，學習炊製碗粿技巧，幫忙持家也分擔大人的工作。從小就被嚴格要求，選米、淘米、研磨、下料、炊煮，樣樣都必須有嚴格的品管，而且每樣料都得貨真價實，偷懶不得。可別小看這碗碗粿，裡邊不但有香菇、腿肉、蛋黃等內餡，搭配上特製的蒜味醬油，讓許多張來自四面八方挑剔的嘴吃了還想再吃。老闆郭忠山說，阿嬤堅持這是大眾化的食物，子孫們在製作上絕不可以偷懶忘本。

經營狀況

命名來由 ◆◆◆◆◆◆◆

為什麼麻豆人特別喜歡吃碗粿，理由幾乎已不可考，但麻豆人的確把這項台灣路邊常見的小吃發揚光大。光從一進入麻豆，寫著「麻豆碗粿」的店家與寫著「麻豆文旦」的攤販一樣多的情形來看，就可以知道碗粿在這裡人氣一把罩！說到阿蘭的碗粿，

老闆娘林金蘭打十三、四歲的時候起,就跟著父親一同賣碗粿,轉眼已經賣了二、三十年。就這樣,「碗粿蘭仔」的名氣也跟著老店的歲月,漸漸如日中天。

地點緣由 ◆◆◆◆◆◆◆

阿蘭碗粿最早是由林金蘭女士的父親,擔著擔仔在附近的菜市口,做些附近人家的小生意。後來由阿蘭和他做豆腐店生意的先生共同創業後,店址才遷到現在麻豆圓環附近。之後當地政府拓建道路,老厝店面被徵收,阿蘭碗粿終於遷到目前的店址。特別的是,阿蘭碗粿雖然生意興隆,但堅持品質的想法,讓阿蘭只願意在原址生根成長。

阿蘭碗粿專賣店

度小月

食材特色 ◆◆◆◆◆◆◆◆

　　五二○就職國宴上冠蓋雲集；這款場合出現的台南小吃，讓麻豆當地富有盛名的阿蘭碗粿，每天都是人潮洶湧，大家都想嚐嚐這發源於總統故鄉的著名小吃。在這碗碗粿，人客不但嚐的到香菇、蛋黃等實在內料，一口咬下去軟軟QQ的口感，再淋上特製的蒜味醬油，絕對是吃了還想再吃。

店舖租金 ◆◆◆◆◆◆◆◆

　　鑒於租賃店面，始終沒有一個固定的地址，讓老主顧隨時上門光臨；因此尋覓一處固定的店址是當務之急。目前的店面，基本上是十年前，郭老闆花了大錢自建完成的。郭老闆說，固然建厝要花一大筆錢，但為了客人著想，花點錢，提供一個更方便、更舒適的用餐環境，還是值得的。所以若是參考附近店家的行情，這樣的店面所需的租賃費用，每個月大約是十萬元上下。

硬體設備 ◇◇◇◇◇◇◇

　　目前阿蘭碗粿的產製過程，早已脫離當年的廚房蒸製，進入到中央廚房的階段。整個硬體設備，除了一套價值百萬的料理、炊煮和冷凍廚具設備外；外店部分，約莫四十組的餐桌椅家具，每套約需要兩千元的基本價格。至於餐具部分，是大批向五金餐具供應商採購來的。

成本控制 ◇◇◇◇◇◇◇

　　阿蘭的碗粿，一賣就賣了二十五年。由於每天都要賣出上千碗的碗粿，加上調味的香菇、蛋黃、瘦肉、蝦米與蔥酥等餡料，全都得真材實料，每一個步驟都不得馬虎。之後，還要與磨好的在來米漿充分混勻，經過數十分鐘的炊蒸功夫才能起鍋，平均要花一個小時的製作時間，這讓碗粿的成本無法便宜。不過，堅持薄利多銷的原則下，維持個三到五成的利潤還是有的。

口味特色 ◇◇◇◇◇◇◇

　　阿蘭每天都要賣出上千碗的麻豆圓環碗粿，有香菇、蛋黃、瘦肉、蝦米與蔥酥等餡料，倒入米漿後炊蒸數十分鐘才起鍋，平均每半個小時就有新鮮的碗粿出爐，淋上自製的醬油膏，Q而不糜的口感常讓人覺得吃一個還不夠飽；另外也有炒飯、炒麵、魚羹、花生豬腳等點心，一家人出外旅遊，在此落腳簡單地點幾樣菜，花個幾百塊就能討好味蕾了。

客層調查 ◆◆◆◆◆◆◆

　　「碗粿蘭仔」在麻豆鎮，早已經是無人不知，無人不曉。累積四十年經驗，林金蘭炊的碗粿與麻豆文旦如今同享盛名。從十四歲隨著父親擺攤賣碗粿，林金蘭固執地以自家傳統的口味炊製Q又好吃的碗粿，終究打響名號，並分沾著阿扁總統的福氣，一舉成為國宴要角，象徵的自是南台灣鄉下人的純樸敦厚。這裡早先是勞動界民眾消費的所在，如今聞香而來的白領階級多到數也數不完。特別是遊覽總統老厝，順道來嚐美食的觀光客，更是把「蘭仔碗粿」名聲，以等比速度擴散到天下皆聞。

未來計劃 ◆◆◆◆◆◆◆

　　現年五十五歲的林金蘭雖早已兒孫滿堂，繼承父親衣缽四十年來從不敢懈怠，女兒也隨著她習得真傳。林金蘭最感欣慰的，

老闆給菜鳥的話

　　碗粿雖然是台灣常見的小吃，但能賣到川流不息的人潮；耐心得等著上一攤的客人離開後，才能佔到位子，之後再排隊買碗粿；這樣的生意，恐怕就不常見到。阿蘭碗粿的賣點，除了料好實在，整碗不油膩的粿外；最大的特點，就在它始終堅持大眾化的價格，不因名氣變大，而驕縱傲慢。所以，就算偶然經過的遊客，好奇地前來一嚐這一碗碗粿的魅力，往往也成了蘭仔的最佳廣告，這也是阿蘭碗粿最大的魅力所在。

無非是「蘭仔碗粿」後繼有人。現任老闆郭忠山，也子承母業，將這項家傳手藝發揚光大。不過，鑒於保持品質，目前阿蘭ㄟ碗粿，暫時還沒有接受加盟開分店的想法，也無透過便利通路大量生產的計劃。郭老闆的說法是，乎咱兜的碗粿，到麻豆才嚐的到。

開業數據大公開

項　　目	數　　字	備　　註
創業年數	40 年	從市場小攤到圓環大戶
坪數	150 坪	樓上、下合計
租金	無	自購
人手數目	25 人	分三班輪流
平均每日來客數	700~1000	外帶客為大宗
平均每月營業額	300 萬	大約估計
平均每月進貨成本	70 萬	根據專家估計
平均每月淨利	180 萬	根據專家估計

如何踏出成功的第一步

存好心，用好料，這是當年阿蘭父親叨唸在嘴邊的話，醞釀到今天也成了「蘭仔碗粿」的生意哲學。郭老闆認為，坊間做碗粿的店很多，但好吃的沒幾間。重點即是在於肯不肯花本錢、花時間、花功夫。他以本身的經驗提出建議，東西好不好吃，人客的嘴斗絕對沒法子欺騙。

美味見證

　　既然是阿扁總統故鄉的美味，推薦人當然得找一位超級的扁迷小鄉親，才顯出這道美食的地位。也是廣播人，更是負責阿扁總統台南大小活動的專業主持人－惠謙（鄭美玲）應該是最有資格的推薦人了。和扁嫂阿珍同樣是麻豆人的惠謙，總是熱心的帶所有來訪府城的人客，強力推薦蘭仔碗粿，甚至要大、小包的幫忙打包回去，她說：「阿扁是咱台南人的驕傲，蘭仔碗粿更是咱總統故鄉的代表。」對於推薦這道國宴名點，她十成十的有信心。

獨家撇步

　　選用精挑的豬後腿肉和學甲特產紅蔥頭，加上地道的在來米，細細磨成米漿後，用溫水沖開；就在半水半漿之間，迅速放入醃好的料餡，最後放入蒸籠大火快蒸。郭老闆說，他不怕把方法公開，因為阿蘭碗粿好吃的秘訣，在對於火候的掌握。這點，他可是有十足十的信心。

作法大公開

碗　粿

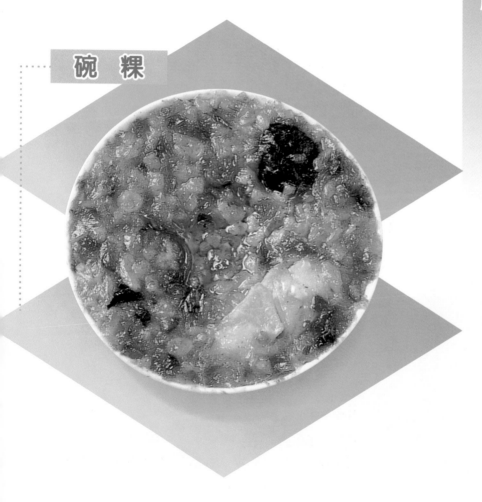

材料 （每個的材料）

項　目	所需份量	價　格
在來米粉	1/3 碗	40
香菇	兩塊	250
豬後腿肉	兩塊	80
鹹蛋黃	半個	60
紅蔥頭	些許	45

（價格 元 / 台斤）

製作方式

前置處理

　　做碗粿，考驗的一是粿的 Q 度，二是料與料之間，味道的協調性。香菇、蛋黃、瘦肉、蝦米與蔥酥，須先要以醬油和調味料炒過，一方面調出味道，一方面藉著爆炒後，帶出食物的香味，這點功夫，可千萬不能馬虎。

製作步驟

香菇、蛋黃、瘦肉、蝦米與蔥
酥等配料,先以醬油和調味料
炒過,一方面調出味道,一方
面藉著爆炒後,帶出食物的香
味。

將個別處理過的餡料,先各置
放不同盛器,避免味道混淆。

選用精挑地道的在來米,細細磨成米漿後,再用溫水迅速沖開。

④

就在半水半漿之間，放入醃好的料餡，最後放入蒸籠大火蒸熟。

在家DIY

　　在來米粉要用熱水沖開，蒸碗粿
的時候，要注意大火的溫度，這是在
家自己 DIY 的時候，需要注意的時候。
否則，蒸出來的，可就是一塊又硬、
又難吃的碗「糕」囉!!

起鍋後待食用時，再以特製的蒜味醬油搭配，保證其美味無比。

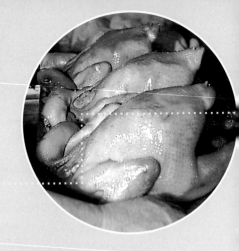

美味評比：★★★★★	人氣評比：★★★★
服務評比：★★★★	便宜評比：★★★★
食材評比：★★★★	地點評比：★★★
名氣評比：★★★★	衛生評比：★★★★

羊城小食

五羊聚首會古城　粵廣名菜府城香
鳳凰振翅醍醐味　吮指回味口碑揚

DATA

- 老　　闆：呂芳德
- 店　　齡：53 年
- 地　　址：台南市中正路 199 巷 5 號
- 電　　話：(06)222-5815、221-6609
- 營業時間：上午 10:00 ～晚上 9:00
- 公 休 日：全年無休、惟大年夜營業到下午 5:00
　　　　　　（全年僅休此 4 小時）
- 人氣商品：羊城油雞
- 創業資金：2000 元（民國 38 年物價）
- 每日營業額：3 ～ 3.5 萬元
- 每月利潤：55 萬元

現場描述

　　府城中正鬧區狹小的巷子裡，羊城小食這個以油雞著稱的店家，在這個看似不起眼的巷子裡，竟堅持了 53 個年頭！

　　採訪當天，尋尋覓覓地費了好一番功夫，才發現這家老字號的店家，忍不住心生疑惑，僅管羊城小食有著道地的廣東口味，但是在眾多餐館相繼開張、消費者選擇日多的情況下，何以還依然堅持留在原址？然而在與呂老闆一番訪談後，才了解到：除了顧慮到老客戶的懷舊情感外，從國中時代，即一人遠從新竹到此地當學徒的呂老闆，更對這裡有著如同對自己家鄉一般的眷戀！

　　於是來到這裡，自然地會有一種早期家族小館聚餐的感覺，店裡或許沒有精緻的裝潢，卻有著道地的料理、親切如鄰居的服務人員、以及一股淡淡的屬於老家的味道！

心路歷程

　　16 歲，是大部分人都還躲在父母保護的羽翼下；備受呵護的年紀，而目前羊城小食的負責人呂芳德，卻因不愛唸書、和同學打架、導致住院休學在家後，毅然決定獨自一人，離開自小成長的新竹湖口，來到台南做學徒，跟著堂姐夫以廣東美食打天下！

　　在當時，一個老師的月薪也不過 2,000 多塊，而擔任食堂學徒雖然薪水只有 900 塊，但是加上豐厚的小費，一個月竟能領到高達 3,000 多塊錢。正因為如此，再加上呂老闆本身對美食的興趣，重要是自己從小到大習得的一項謀生專長技藝，因此羊城小食才能持續經營到現在！

　　說到最早期的羊城，當時的老闆劉強，在隨著部隊從廣東來到台灣之後，即選擇台南為落腳處，並以自己家鄉的道地美食，從路邊攤的經營開始做起，販賣油雞、麵、飯、和滷味等平民美食。由於口味道地，因此在民國 38 年買下了現址，正式進駐店面經營。更在隔年，民國 39 年正式登記營業，取名羊城小食，主

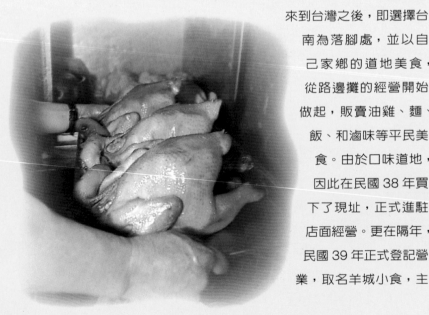

要經營廣東料理。然而目前的現址,在當時俗稱為雞寮,也就是坪數很小的意思,每間大約只有 6、7 坪左右。現在我們所看到羊城規模,可是老闆陸陸續續買下的,在當時一共是 6 間的房子。

民國 82 年,第一代的經營者劉強因為中風,於是交棒給他的兒子。然而,繼承者或許由於對這一行的經驗及興趣都不是那麼豐富濃厚,因此經營起來並不順利。於是現任負責人呂芳德先生,就邀集其他兩位也一直在店內服務,並對羊城有著深厚感情的親戚,共同籌資,以 1,400 萬的價錢,正式買下堂姐夫畢生心血,也是呂芳德先生從小成長的羊城小食。僅管這些日子以來,因為不景氣,營業額幾乎衰退了三分之二,而之前的 SARS 風波,又將原剩下的三分之一客源減少了近三分之二,呂老闆等三位股東,仍決定守著這個伴隨自己一生歲月的傳統店面!

經營狀況

命名來由 ◆◆◆◆◆◆◆

　　說到壽山,相信大家一定會立刻聯想到高雄。說到這羊城小食命名的由來,就脫不了它的古地名。沒錯,古早前的廣州市,傳說當年有五隻山羊聚首於城北山崗,後人認為這是吉兆,於是

引此為名,也就有了五羊城之名。此後,只要提到五羊城,熟知的朋友都會立即想到廣州市。因此,既然賣的是道地的廣東美食,自然得取一個有代表性的名字,這也就是「羊城小食」之所以取名為此的原因。

地點緣由 ◆◆◆◆◆◆◆

　　最早期以路邊攤方式經營的廣東美食,在民國 38 年買下現址,民國 39 年正式登記營業,取名為羊城小食。經過多年的努力,從早期一個單位約 6、7 坪,俗稱雞寮的小房子,發展成現在佔地 6 間、每層樓約 39 坪、共計 3 層樓的營業地點。

店舖租金 ◆◆◆◆◆◆◆

　　由於最早的經營者是堂姐夫,因此有關當初買下的價錢已不可考。但第二代的負責人呂芳德先生,在將近 10 年前,以 1,400 萬元,買下羊城小食的所有,包含經營權、以及所有的硬體設備、生財器具。

食材特色

　　油雞是羊城的招牌菜色;在浸料中加入數種的中藥材,是羊城的食材特色之一;另外在沾醬滷汁上,則是採用了十幾種食材調配而成,古法祖傳的調配方式,也是一大特色。

硬體設備 ❖❖❖❖❖❖❖

　　3 層樓的建築，整個 3 樓供做廚房之用，其他含 2 樓，則佔地共約 70 幾坪，共計有約 25 桌的桌次！由於店內營業的食物總類較多，形同一般餐館有各式雞的料理、小炒、湯等，由於菜色較多，相對的硬體設備就得更加齊備，所以當初呂老闆才以 1,400 萬，頂下店面及所有的生財硬體設備。

成本控制 ❖❖❖❖❖❖❖

　　由於菜價的漲跌不一，因此為了降低成本，呂老闆初期都從兵仔市場的大賣市場叫貨。至於雞肉，由於是店內的招牌，因此訂購的數量較多，也就能以量制價，以較低的成本購入。一般食材費用仍掌握在 3、4 成之內。

口味特色 ❖❖❖❖❖❖❖

　　只要是廣東小館，都會有油雞這道菜，而羊城小食又是如何在這些眾多的競爭者中脫穎而出呢？羊城油雞作法與一般最大的不同，在於它是採用半烹半浸的方法，來維持肉質甜味。浸料中並加入高級中藥材，使撈出來的雞肉色澤看起來更加油亮光滑，吃起來則軟、脆、皮 Q，再加上使用 10 幾種食材所製成的滷汁，讓人不垂涎也難。

客層調查 ❖❖❖❖❖❖❖

　　羊城的主要客群都是老主顧！一般都是家庭前來用餐，另外外帶及拜拜日、大過年的時候，也都有老主顧前來訂購。甚至還有老客人在請結婚酒、滿月酒時，也會在原有的桌菜中，指定加入羊城的油雞呢！近年來，由於美食節目及網路的盛行，慢慢的有些新客戶加入老饕的行列。

未來計劃 ❖❖❖❖❖❖❖

　　「吃雞起家」，民國 39 年創立至今 53 年的羊城小食，和現年 53 歲的呂老闆，有著同樣的年齡和歷史，敦厚老實的呂老闆，憨傻的笑容背後，有著一顆強韌的心。因此，面對未來，呂老闆

只是帶著淡淡的一抹笑容說著：從小做到大的事，尤其是廚房，雖然辛苦，沒想過要放棄；只想客人多多捧場，一天一天的繼續做下去，能做多久、就做多久！

開業數據大公開

項　　目	數　　字	備　　註
創業年數	53 年	目前由第二代親戚經營
坪數	一層樓 30 幾坪（共有 3 層樓）	大約可容納 25 桌
租金	自購	
人手數目	廚房 5～7 人，外場 5 人	生意最好時高達 28 人
平均每日來客數	100~120	晚上 5:00 後生意較好
平均每月營業額	約近 100 萬	大約估計
平均每月進貨成本	約 30 萬	約 3、4 成左右
平均每月淨利	約 55 萬左右	根據專家估計

如何踏出成功的第一步

　　呂老闆是個知福惜福、懂得飲水思源的人，對於自己如何踏出成功的第一步，他謙虛的表示是因為店原本就有店底，而且有代表性的名菜，所以可以一路沿著上一代負責人的腳步走向成功！至於堂姐夫的成功，呂老闆認為道地的口味、用心的料理，是成功最大的關鍵因素。

美味見證

　　說到台南的美食，新聞記者出身，又曾一度擔任台南市新聞室主任的郭聰河，可說是箇中翹楚。因為工作的關係，經常需和地方人士四處應酬，也因為這樣的關係，在朋友的介紹下，嚐到了羊城小食的好滋味。郭聰河說，羊城的粵菜料理，可以三、五朋友小酌，擺桌宴客也毫不遜色，來台南的朋友，錯過美食就可惜了。

老闆給菜鳥的話

　　呂老闆認為：自己之所以選擇這個行業而不輕易放棄，是因為從小到大；這就是他惟一的選擇。但是他卻不希望自己的一兒一女也投入這個行業，因為他真的認為；這是個賺辛苦錢的行業。

　　因此他也不鼓勵別人投入；然而如果經過評估之後，可以確定自己有店底、而且有屬於自己的特色名菜，更能將客人的滿足當成自己最大的安慰，那麼呂老闆就只能寄上無邊的祝福，給願意投入這個行業的新朋友囉！

作法大公開

羊城油雞

材料 （每個的材料）

項　　目	所需份量	價　格
油雞	1 隻	60
浸泡食材	1 份	時價
沾醬醬料	一湯杓	自製
醃蘿蔔	少許	35

（價格 元/台斤）

製作方式

前置處理

　　選擇現殺的公雞，肉質較佳，接下來以數種中藥材加以浸泡。

製作步驟

　　羊城小食最有名的，就是當家的油雞料理。這道油雞作法，與一般油雞最大的不同點，就在於它是採用半烹半浸的手法，達到維持肉質甜味目的。這項浸料中，同時加入高級中藥材，讓撈出來的雞肉顏色，從外觀看起來更加油亮光滑，吃起來則脆、軟、皮Q。

選擇一隻好雞是首要必備的，記得挑選公雞，而且要現殺的，肉質會比較好，另外重量介於2斤4到2斤半之間是最佳狀態。

接下來以數種中藥材加以浸泡。

採用半烹半浸的手法，達到維
持肉質甜味目的。在這項獨門
浸料中，同時加入高級中藥材，
讓撈出來的雞肉顏色，從外觀
看起來更加油亮光滑，吃起來
則脆、軟、皮Ｑ。

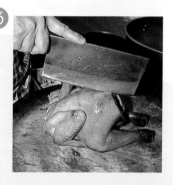

 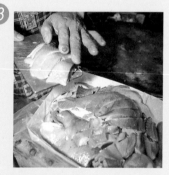

要做到肉熟、當骨頭呈現半熟略紅的狀況，立刻起鍋。這樣，雞肉
吃起來才會有軟、脆、而且皮Ｑ的優質口感。

9

獨家撇步

　　雞的選擇、醃料的製作、沾醬的調配，都是羊城的獨家撇步。在雞的處理上，記得要做到肉熟、當骨頭呈現半熟略紅的狀況，立刻起鍋。這樣，雞肉吃起來才會有軟、脆、而且皮Q的優質口感。

在家DIY

　　呂老闆認為無論要做油雞、蔥油雞等雞的料理，選擇一隻好雞都是首要必備的。因此呂老闆提供了大家一個到市場選購雞的方法，記得挑選公雞，而且要現殺的，肉質會比較好，另外重量介於2斤4到2斤半之間是最佳狀態。

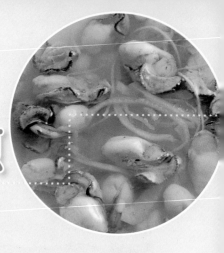

美味評比：★★★★	人氣評比：★★★★★
服務評比：★★★★	便宜評比：★★★★
食材評比：★★★★	地點評比：★★★
名氣評比：★★★★★	衛生評比：★★★★

古堡蚵仔煎

安平古堡平安遊　昔人已逝空嘆留

海潮育出鮮蚵味　翻騰鐵板綻長流

- 老　　闆：王銀桂
- 店　　齡：33 年
- 地　　址：台南市效忠街 85 號 (原古堡街 53 巷 6 號)
- 電　　話：(06)228-5358
- 營業時間：早上 10:00 ～晚上 7:00(冬天則只營業到晚上 6:30)
- 公 休 日：每週一、及下大雨無法營業的日子
- 人氣商品：蚵仔煎
- 創業資金：十五萬
- 每日營業額：：約 2 ～ 2.5 萬元不等
- 每月利潤：約 40 萬

安北路
古堡街　效忠路　平生路
延平街
安平路

　　台南多古蹟，更多傳統美食，就如同附著在礁石上的海貝類，先是一顆、兩顆零零星星，爾後，竟忽然串成一串又一串的，將礁岩雕鑿出多樣的風貌。

　　腳步沿著古堡街 53 巷的小巷子緩步前行，感覺上，正要走入別人家的前庭後院似的，卻在不經意的轉角間柳暗花明。走出巷口，迎面出現的是偌大的公共休閒涼亭，一旁是大家熟知的古蹟：安平古堡，巷口處，就是「古堡蚵仔煎」設攤的所在。

対吃遍大館子的饕客來說，這樣一間不甚起眼的小吃店面，一不留神就很可能擦身而過。但是有心的人啊；就硬是能夠循著蚵仔煎在鐵板上翻騰的鮮甜香氣，覓得這家充滿溫馨的美食老舖。

尤其在老板娘親切卻略帶羞澀的招呼下，食客們可以坐在涼亭外、遙望古堡老建築，一邊品嘗這道台南傳統小吃—台南古堡「蚵仔煎」，特別另有一番思古幽情！

心路歷程

民國 60 年，王銀桂女士隨著先生從基隆回到他的家鄉—台南，開始了她 30 多年經營小吃的生涯！有人說：女人就像油麻菜籽，婚後先生飄到哪、就得隨著落腳在哪，而這也正是老板娘王銀桂的真實人生寫照。

據老板娘表示，當年兩夫妻之所以毅然決然，回到家鄉經營小吃生意，最主要的原因就在於小孩的誕生，為了能完整陪伴孩子的每一個成長歲月，因此夫妻倆選擇回到先生熟悉的環境，並以台南在地新鮮特產—「蚵仔」為食材，在自己的家中兼營「蚵仔煎」的生意！就這樣帶著幾千塊錢，他們開始了這個可以兼顧家庭、形同家庭副業的夫妻店。

30 幾個年頭過去了，從一盤 7 塊到現在的一盤 50 塊，欣慰的是把 3 個小孩一個個拉拔長大了，然而卻也因為老顧客的日益增多，讓他們肩上從對小孩的責任、轉為對顧客的責任，也因此，到今天我們還能吃到道地美味的「古堡蚵仔煎」。更重要的是，到安平古堡吃蚵仔煎，也成為遊客們，到此一遊的必嚐美食。

經營狀況

命名來由 ◆◆◆◆◆◆◆◆

原位於古堡街的古堡蚵仔煎，在現今琳琅的眾多蚵仔煎店中，是最早開始經營蚵仔煎生意的老店，而在初期經營時，並未想到日後會有那麼蓬勃的店家跟進，因為只設定為家庭副業，故未加以命名；直到民國 70 幾年時，因為接受報紙訪問，方纔決定以所在位置加以命名，正式取名為「古堡蚵仔煎」。

地點緣由 ◆◆◆◆◆◆◆◆

古堡蚵仔煎，原址在古堡街 53 巷 6 號，現址則為效忠街 85 號，這看似不同的兩個地址，實際卻是同一個地點，是不是很奇妙呢？其實，這只不過是因為房屋面向的改變所導致。

當初原在古堡街巷內的古堡蚵仔煎，由於政府道路規劃的原因，將原位於古堡街的的大門，轉而改在效忠街，從此地址改在效忠街，其實仍然是同一間屋舍。

店舖租金 ◆◆◆◆◆◆◆◆

王銀桂夫婦當初之所以決定回家鄉開設小吃店，除了就近照顧孩子外，最重要還有一個原因，就是因為房子是自己的。老板

娘表示，由於兩人當初並沒有太多的創業基金，才選擇能省下每個月房屋租金的家鄉開店，對許多沒有太多資金的人來說，能省下龐大的房屋租金，並實是經營小吃店很大的一個利基。不過，近年來附近商店越作越旺，看好附近古蹟薈萃和台灣第一街—延平街人潮鼎沸的態勢，小小三、五坪店舖的租金，動輒就是一、兩萬元。因此，以目前十來坪的店面計算，租金費用應估算在三萬元。

硬體設備 ◇◇◇◇◇◇

　　經營蚵仔煎小吃，所需要的生材器具其實不多，反倒是食材的選擇和料理的方式才是最重要的！然而古堡蚵仔煎的硬體設備裡，卻有著一口獨一無二的愛心八卦型白鐵大煎盤。這個充滿愛心的白鐵大煎盤，是創業初期老闆特別為老闆娘做生意方便所設計的，完全來自

食材特色 ❖❖❖❖❖❖❖❖

　　古堡蚵仔煎的食材特色，強調的就是新鮮，取自台南安平外海蚵棚現採現剝的鮮蚵，是製作一盤美味的蚵仔煎不可或缺的。另外，淋在蚵仔煎上的醬料也是一大關鍵。

這份醬料，是由蕃茄醬，以一比一比例，混合醬油膏，調成甜而不膩，濃淡適中的醬汁，如此才能襯出蚵肉的鮮美可口。

自己的創意、且定位為八角型，是為了衛生及美觀方便，選用白鐵材質，則是因為白鐵的傳熱速度快，可以在極快的時間裡，煎出一盤盤外皮微焦、蚵仔肥美鮮嫩的蚵仔煎。

成本控制 ❖❖❖❖❖❖❖❖

　　王銀桂老板娘和他的先生，是一對忠厚老實、淡薄名利的夫妻，與其說他們是生意人，倒不如只要把他們當成一對經營小本生意、糊口養家的夫妻檔，因此他們講究做生意實實在在。除了選用最新鮮的食材、加上嫻熟的技術、親切的服務，希望每個新

客人都能成為老主顧,所以用料的實在,讓他們在成本的控制上,採薄利多銷的理念,少少的賺,卻能賺得心安、賺得長久。

口味特色 ◆◇◆◇◆◇◆◇

古堡蚵仔煎的絕佳口味,除了蚵仔本身要新鮮之外,還得要現採現剝、沒泡過水;如此,才能引出海蚵的鮮甘甜味。另外蕃薯粉的厚薄也非常重要,因為裹粉過多會讓蚵仔煎變成糊狀、太少則會讓蚵仔煎鬆鬆散散;不夠紮實。當然口味的好壞,煎的火候更是要好好拿捏,才不至因太早起鍋而糊成一團、或是太晚起鍋而焦硬。蚵仔煎雖是一道看似簡單的料理,但愈是簡單的東西就愈難作假,愈是得要真本領,長年的經驗累積和真功夫,才能做出風味獨特的蚵仔煎,而王銀桂老板娘也正是憑藉著她多年的料理技巧,才能讓古堡蚵仔煎那麼受人喜愛。

客層調查 ◆◇◆◇◆◇◆◇

提到客層,據老板娘表示,由於當地盛產蚵仔,所以每個人幾乎都會在家裡料理蚵仔,因此會前來消費的當地人是少之又少;大部份的客群來自於台南市區比較多,而這之間,30~50歲間的老主顧又佔了近一半的比例。至於例假日,則多了許多外地前來台南一遊的客人,這些坐著遊覽車的客人,男女老幼都有,往往讓小店高朋滿座,只好委屈後到者,端著盤子,站在門前的榕樹下用餐。

未來計劃 ◆◇◆◇◆◇◆◇

從年輕做到老,對王銀桂夫婦來說,這已經是日常生活的一部份了。因此對他們而言,每天的例行生意,他們就當成是種運

動、是個無法捨棄的習慣,也是自己還能自立自強、不需倚靠兒女的謀生技能;因此,對於未來,他們不想再看到兒女步上和他們一樣辛苦、全年無休的飲食行業。所以,他們只想在自己的體力許可範圍裡,和自己的另一半,攜手服務著現有的客人們。

開業數據大公開

項　　目	數　　字	備　　註
創業年數	32 年	自始皆為夫婦共同經營
坪數	室內約 10 幾坪左右	戶外尚有公共營業空間
租金	自宅	
人手數目	2 人	假日則約 4 人
平均每日來客數	100~500 不等	地處偏遠,生意分大小日
平均每月營業額	60~80 萬元	根據專家估計
平均每月進貨成本	約 10 萬元	現場統計
平均每月淨利	約 40 萬元	根據專家估計

如何踏出成功的第一步

　　清楚知道自己當初經營這個小吃店的目的為何,如此當遇到任何困難的時候,才能有堅持的決心!這是王銀桂老板娘認為自己之所以可以堅持到今天的原因。另外做小吃生意,乾淨、清潔、實在更是首要堅持的三個要素,只要認真的做、用心的做,客人就能感受到你的誠意,進而成為你的忠實顧客。

度小月

美味見證

　　有台南女兒之稱的立法委員王昱婷,是見證古堡蚵仔煎的最佳代言人。皮膚被喻為一級讚的王立委,打小就是台南小吃的饕客。不論是下課填腹充飢,還是三、五好友相約逛街,她特愛吃安平的蚵仔煎,後來,更成為她逢人推薦的美食。她說,台南蚵仔肥大鮮美,粒粒鮮甜,含有豐富的蛋白質,絕對是愛水的女人,不可錯過的最佳食補材料。

老闆給菜鳥的話

　　王銀桂老板娘以一個妻子、媽媽、做一輩子小生意的過來人身份,提醒所有要進入這個小吃行業的菜鳥朋友們:這是個辛苦、而且不可能打扮得體體面面的行業,因此要投入前,請先想清楚自己的興趣所在,如果真的很有興趣、不怕辛苦的話,只要肯實實在在做生意,或許這個小吃生意不能帶來大富大貴,卻是個能讓你兼顧家庭、而且養家糊口的終身事業呢。

作法大公開

蚵仔煎

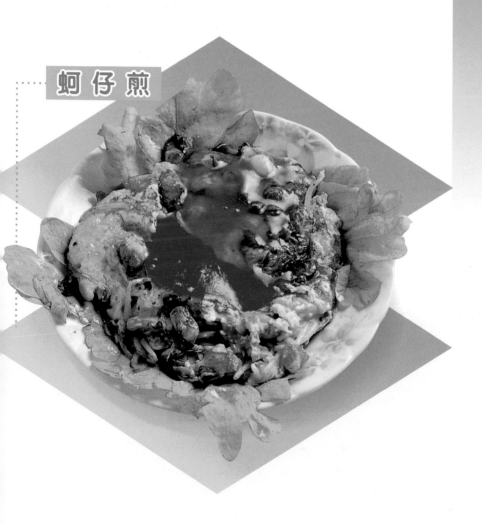

材料 （每個的材料）

項　　目	所需份量	價　　格
蚵仔	約十來顆	45
蕃薯粉	一杓量	15（包）
青菜、豆芽、茼蒿	各約一把	時價
醬油膏、蕃茄醬	各一杓	自製
蛋	一顆	27

（價格　元 / 台斤）

獨家撇步

　　「古堡蚵仔煎」最獨家的特色，就在於蚵
仔的挑選不同於其他店家，選擇新鮮肥美、來
自安平外海蚵棚現採現剝、無泡水的鮮蚵，是
蚵仔煎好吃的首要條件！老闆透露，好的蚵仔，
不在體型大小，蚵仔本身的色澤和飽滿彈性，
才是首選要素。

製作方式

前置處理

嚴格挑選新鮮安平外海蚵仔,而非市面上常見的泡水蚵仔,這是古堡蚵仔煎贏過他人的先決條件。不過,真正決定勝負的,卻是他們的調味醬汁。這份醬料,是由蕃茄醬,以一比一比例,混合醬油膏,調和成甜而不膩,濃淡適中的醇美味道,將蚵肉的鮮甜可口,發揮得淋漓盡致。

製作步驟

①

挑選鮮蚵仔,切忌泡水過甚。

②

在鐵板上均勻刷上油,待鐵板熱度足夠時放上鮮蚵。

③

迅速在鮮蚵上,灑上新鮮豆芽菜。

將蛋打在熾熱的豆芽菜上,並用杓攪散蛋黃部分。

其上,舀一杓蕃薯粉水,同樣平置於滾燙的平底鍋鐵板上,讓明火的熱度,透過蛋與蕃薯粉水形成的薄層,將鮮蚵燙熟。

再將鮮蔬菜葉或珠蔥,平灑在上層。這時,可視麵糊邊緣焦黃的程度,了解火候是否適中。

最後用平鏟一翻,兩面對夾,淋上爽口沾醬就可上桌成為招牌美食。

在家DIY

　　雖然蚵仔煎的料理方式並不繁複，然而要在家做一道道地的蚵仔煎仍是需要很多道手續。因此老板娘建議：想在家DIY的朋友們，可以試著料理湯的蚵仔麵線。首先當然還是得慎選新鮮、無泡水的蚵仔，先將蚵仔下水燙過，再將麵線、青菜下水煮過，接下來以麻油、蒜頭和蔥下鍋爆香，再加入蚵仔、麵線和清水煮滾，一碗美味的古法蚵仔麵線就可以端上桌囉！

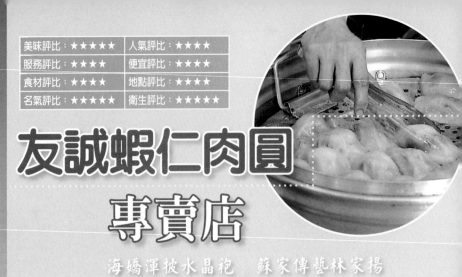

美味評比：★★★★★	人氣評比：★★★★
服務評比：★★★★	便宜評比：★★★★
食材評比：★★★★	地點評比：★★★★
名氣評比：★★★★★	衛生評比：★★★★★

友誠蝦仁肉圓
專賣店

海嬌渾披水晶袍　蘇家傳藝林家揚

日暮故都蒸籠屜　輕煙散入百姓家

DATA

- 老　　闆：林嘉誠
- 店　　齡：54 年
- 地　　址：台南市開山路 118 號
- 電　　話：(06)224-4580
- 營業時間：早上 9:30 ～晚上 8:00 左右 (賣完為止)
- 公 休 日：過年、清明、端午節
- 人氣商品：蝦仁肉圓
- 創業資金：五十萬
- 每日營業額：約 3 萬多～ 3.5 萬元之間 (平均
- 每月利潤：60 萬左右

友愛街

開山路

府中街

府前路一段

現場描述

　　走進開山路的店面，與林老闆的一席長談，才發覺小小的一粒肉圓，原來蘊含著那麼多的學問！

　　民國 39 年，從東門圓環起家的蝦仁肉圓，自第一代的攤位；第二代的傳統小吃店面；然後到現在窗明几淨的店家，由自家人一路傳到了女婿，然而，對於主角蝦仁的挑剔、外皮的製作、以及肉燥的精選，一路走來始終堅持！

　　一個傳承三代的小吃料理，惟有保存古樸的味道、融入現

代人喜好的口味、再改良賣場及經營模式，方能維持市場的競爭
於不墜；而友誠就是秉持著這樣的理念，經營服務著一代又一代
的客人！

心路歷程

　　有些往事當年代漸久遠，長輩們凋零不再提起，似乎就慢慢
的被人遺忘！有關友誠的蝦仁肉圓專賣店，有些歷史就是這樣被
模糊了。說到最早期的友誠，那時候的名稱，早已不復記憶；慶
幸的是，蝦仁肉圓的傳家製作，倒是毫無流失，從第一代蘇松先
生的手中確實地傳承了下來！

　　許多祖傳事業及手藝，往往因為下一代從年齡極小的時候，
就在家幫忙，因此在長大後、當自己可以選擇工作，往往因為長
期操作有了職業倦怠，而萌生逃離的想法！

若不是因為第二代蘇樹
根先生，因為經營雜貨舖失
敗，而重新回到家傳小吃的
行業中，或許我們就無緣享
用到如此美味的蝦仁肉圓。
到了第三代郭美君的時代，
又再一次因為對從小到大的
家族事業產生懷疑，而讓這
個家族事業，再度面臨無人
繼承的困境；所幸，郭美君
原從事於機械業的丈夫林嘉

誠，在 25 歲那年，因不捨上兩代傳承的小吃店，可能因為第三代的兩個兒子及三個女兒無人有繼承意願的情況下而沒落消失，因此說服了妻子，繼承下祖業，雖然其間的 16 年中，曾經和妻子因為選擇這條傳統路的辛苦而爭執，甚至數度萌生退意，不過最後終究因為堅持，而成就了今日的友誠蝦仁肉圓專賣店！也由於這份堅持，完成了林老闆從業來最大的安慰，買了一間 29 坪含店面、真正屬於自己的房子

經營狀況

命名來由 ✧✧✧✧✧✧✧

在第一代，也就是郭美君的外公蘇松老先生的時代，由於只是位於市場的小吃攤，且年代久遠，故名字已不可考！而在第二代蘇樹根時代，方命名為友誠！至於友誠這個名字的由來，第三

代的經營者林嘉誠，也無從得知！然而林老闆表示，名字的由來並不重要，重要的是如何把它發揚光大、如何把經營者的精神堅持傳承下去，讓更多人知道；品嚐到友誠的蝦仁肉圓，才是未來最重要的使命。

地點緣由 ✿✿✿✿✿✿✿

　　民國 39 年，最早期的蝦仁肉圓，是位在東門圓環裡的小攤位；於第二代時，才搬遷至建國戲院對面的建國路上，佔地約10 幾坪。民國 76 年，一度搬遷至府前路上、台銀隔壁。到了民國 77 年 7 月，才正式遷至開山路現址，並將營業場所擴大至30 坪。如此的搬遷，被形容如同孟母三遷，為的就是帶給顧客，更寬敞、更明亮的飲食空間！

店舖租金 ❖❖❖❖❖❖❖

　　目前位於開山路的店面，除了一樓的營業場所約 30 坪左右，可容納約 35 個人，加上地下室約 30 坪的儲貨間，每月的租金為 3 萬多元。

食材特色 ❖❖❖❖❖❖❖

　　一年以上的在來舊米所研磨製成的外皮，加上每天進貨、新鮮精選的火燒蝦，以及自行調味炒熟過濾的肉燥，在蒸煮合時的火侯下，做出來的肉圓吃起來除了皮薄、軟嫩之外；香味格外的清爽，尤其抽沙後的蝦子，口感更是新鮮脆嫩，這也是友誠肉圓的最大特色！

硬體設備 ❖❖❖❖❖❖❖

　　開山路上的店面，在林老闆堅持小吃店也能給顧客如速食店般寬敞明亮的用餐環境之下，陸陸續續、幾年下來的裝修費，大約也花上了 15 萬元左右，還有兩部總價值約 20 幾萬的中古冷藏櫃，再加上林老闆自己訂做的桌子、椅子等，裝修加上硬體設備成本約莫需要 50 萬元左右。

成本控制 ◆◆◆◆◆◆◆

　　堅持新鮮及品質,是友誠的經營態度,三～四成的食材費用,是友誠堅持的誠意表現!惟在思考市場競爭;顧客服務及如何將傳統產業發揚光大的考量下,第三代的林老闆,考慮未來採中央廚房統一製作,於各縣市開設分店,以節省成本、並創立自己的品牌企業!

口味特色 ◆◆◆◆◆◆◆

　　早期重口味、較鹹較甜的習慣,在林嘉誠的改良之下,呈現出較淡雅的風味。蝦仁肉圓吃起來除了外皮細薄軟嫩,口感鮮脆的肉餡更是重點。製作時對用料的堅持,即是成就好口味的主因。在製作外皮時,只選用一年以上、黏合性較佳的在來舊米,經泡水後磨成米漿,待煮至半熟冷卻後,再加入地瓜粉,即可增加肉圓外皮的韌性。而內餡部份,則是將碎肉、紅蔥頭炒熟調味後,熬煮過濾的獨家肉燥,再加上抽沙後的新鮮火燒蝦,呈現清爽的口感。最後將包好的肉圓,蒸約 8 分鐘,即完成口味獨特的蝦仁肉圓。事實上,除了主商品蝦仁內圓外,同樣有著獨特友誠口味的香菇肉羹,對挑嘴的饕客來說,不嚐絕對可惜哦!

客層調查 ◆◆◆◆◆◆◆

　　從最早期的歐巴桑、勞工階層為主力,經過三代的堅持、口味的改良、以及店面的明淨陳設,如今的客層已遍及各年齡層。目前除了維

持住老客戶外，學生、上班族等，早就都在友誠的饕客榜上，列有一席之地！

未來計劃 ❖❖❖❖❖❖❖

　　當年丈人的一番提拔不藏私，讓身為女婿的林老闆決定全力維護上一代的心血結晶，並將之發揚光大。他期許下一代能接續此產業，故朝向中央廚房的方式努力著。從開分店，傳承給下一代，以機器代替人工，能夠在短時間內製作更多成品，研發增加更多口味，都是林老闆未來的計劃。最遠大的期許，莫過於在保留傳統友誠名號之下，更加發揚光大，期待未來能有一天，開創出屬於自己的林記企業王國！

開業數據大公開

項　　目	數　　字	備　　註
創業年數	53 年	目前由第三代接手經營
坪數	30 坪（含地下室儲物間約 60 坪）	大約可容納 35 人
租金	3 萬多元	
人手數目	5 人	假日時家人亦會加入
平均每日來客數	約 1000 盤肉圓（每盤 3 顆）	假日則約 1,500 ～ 2,000 盤
平均每月營業額	110 萬	根據專家估計
平均每月進貨成本	40 萬	約 3 ～ 4 成左右
平均每月淨利	60 萬左右	根據專家估計

老闆給菜鳥的話

環境衛生、品質控制、專業敬業、強烈企圖心，都是必備的條件。

林桑強調，一切唯有建立屬於自己的品牌形象，才能贏得顧客長期的信任。要求完美的林老闆，始終對擁有廚師證照方能下廚的堅持，是他對消費者，給予最專業的保證！

如何踏出成功的第一步

專業，是林老闆對品質要求的嚴苛標準！因此無論是考慮自行創業、或有意日後加盟的夥伴，林老闆皆強調要有廚師証照。另外，在環境衛生、品質控管方面，亦需多下一番功夫。而敬業的精神及對事業的企圖心，更是不可少的成功法寶。林老闆認為，惟有具備相關條件的人，方能成功的經營出屬於自己的品牌形象，永續經營屬於自己的事業。

美味見證

台南古都的美食，當然要找在地的台南老饕，來幫老闆「掛」保證，從小生在府城美食環境，同時又是林老闆親弟弟的南台灣廣播名人──志承，當然對這道美食，是敲鑼打鼓的大力推薦。志承不單會在節目中，親切的跟他的聽眾介紹台南美食，喜歡他的聽眾，更會在假日時，看到放下主持工作，一起加入這項家族事業逗陣幫忙的志承喔！！

作法大公開

蝦仁肉圓

度小月

材料

項　　目	所需份量	價　　格
一年以上在來舊米	半碗	40
碎肉	約手心大小量	60
紅蔥頭	少許	45
火燒蝦	2~3 條	130

（單位 元 / 台斤）

製作方式

前置處理

- 外皮 　　在來舊米需先泡水 2 小時以上

- 新鮮火燒蝦 　需先抽沙

製作步驟

1. 先將準備好的泡水 2 小時以上在來舊米，研磨成米漿。

2. 待米漿加水煮至半熟，吹冷後加入番薯粉，成為 QQ 的外皮原料。

將外皮原料放進模型打底。

肉燥和預先處理過的火燒蝦，依次放入模型中。

最後，再舀進一杓，約一個虎口份量的漿皮封蓋。

將模型的內容物，整個扣放進舖了白布的蒸籠裡，待熱氣炊熟後，就是一道享譽全國的府城美食。

在家DIY

　　林老闆認為要自己在家做一道美味的蝦仁肉圓，步驟實在太過繁複，但對於如何選購蝦子；林老闆則是提供了經驗法則以供參考。購買蝦子時，首先需留意，若蝦子的頭、身不完整、甚至分開，則表示不新鮮。注意喔，唯有看起來完整，蝦殼看起來透亮，而且肉質透明，才是一尾好蝦！

友誠蝦仁肉圓專賣店

獨家撇步

外皮	自行研磨的米漿，煮至半熟，需先冷卻後再加上蕃薯粉，會使外皮更加的軟Q。
肉燥	碎肉炒熟，加上紅蔥頭炒過後，方加入調味料，需熬煮 40～50 分鐘～，進而過濾肉燥及湯汁。
蝦	前一天新鮮買回，剝殼抽沙後，經冷藏程序，供第二天使用。
包	50 粒需在 8～9 分鐘包好，技術的養成與速度的掌握極為重要。
蒸煮時火候的控制	水滾後，蒸約 8 分鐘即成。

對林老闆來說，每一個步驟都是一個撇步，都關係著一顆肉圓是否好吃。尤其肉燥的熬煮口味，更關係著是否能突顯出蝦子的味道！

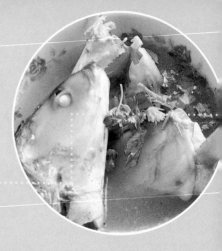

美味評比：★★★★★	人氣評比：★★★★★
服務評比：★★★★	便宜評比：★★★★
食材評比：★★★★	地點評比：★★★★
名氣評比：★★★★★	衛生評比：★★★★

阿憨鹹粥

阿憨本無插柳意　府城獨幟米食揚

大海游來國姓魚　巧手烹粥十里香

DATA

- 老　　闆：張森雄
- 店　　齡：五十二年
- 地　　址：台南市公園南路 168 號（石精臼廟口）
- 電　　話：06-2218699
- 營業時間：早上 6:30 ～中午 1:00（賣完為止）
- 公 休 日：月休 2 天（初 3、17），
  　　　　　過年則休 10 多天（避免客人太多，招呼不週）
- 人氣商品：阿憨鹹粥
- 創業資金：40 萬元
- 每日營業額：超過十萬元
- 每月利潤：160 萬左右

公園路

北門路二段

公園南路

現場描述

　　初初來到「阿憨鹹粥」這個地方，它的座落既不位在市中心，也沒有精緻的店面，然而我卻看到一桌又一桌，絡繹不絕的客人川流不息，讓人不得不好奇，這裡究竟擁有怎樣的魔力，方能吸引那麼多的饕客前來一嚐究竟。

　　如果你也想來嚐嚐這個台南道地美食的話，那麼可得提醒您；它的營業時間相當特別！因為「阿憨鹹粥」算是台

南人的早餐良伴,「吃鹹粥、配油條」更是台南人的傳統吃法!現在,就讓我們進入府城人的早餐世界,一起去嚐嚐保存古風味的台南虱目魚鹹粥小吃 -「阿憨鹹粥」!

心路歷程

近 50 餘年相當一甲子的歲月裡,「阿憨鹹粥」以其特有傳統的料理方式,陪伴著許多人補充一天裡的第一份營養,開始一天的活力,面對每一天的挑戰!

而屬於這家老店的第一個傳奇,正是有「阿憨」外號之稱的鄭極老先生。

現年 80 歲,當年還是個年輕小伙子、正值 27 歲青春年華的鄭老先生,曾經賣過擔仔麵、炒羊肉等小吃;由於當年原本在石精臼廟口賣虱目魚的攤子恰巧不做了,鄭老先生於是頂下來,開始經營這個以虱目魚為主的特色餐點。

時至今日,現在的第二代經營人,則為鄭老先生的女婿張森雄先生,在褪下公職身份後,張老板和老婆不止接下了父親傳下來的事業,更將傳統小吃發展成企業化經營的規模,除了成立「阿憨事業股份有限公司」,更陸續在台灣、香港、日本、大陸等地註冊商標,積極落實張老板最大的心願 將台灣的米食文化發揚光大,進而讓未來的飲食主軸再度回歸到米食文化。

經營狀況

命名來由 ◆◆◆◆◆◆◆

說到台南的鹹粥，幾乎街頭巷尾隨處可見不下百餘家，而經營了 52 年的「阿憨鹹粥」，就是其中的佼佼者！不同於一般的鹹粥，大多以「飯湯」的方式處理，在石精臼廣安宮前擺攤子營業的阿憨鹹粥，憑著它特有的湯頭和特殊的料理方式，也就是源自福建泉州的「半粥」式虱目魚粥而廣受矚目。然而當年並沒有店名，真正擁有「阿憨鹹粥」個名號，是在十年前第二代負責人女婿張森雄老板接手後，才決定將大家口耳相傳、也是老丈人的乳名，正式做為店家的命名，也就是「阿憨鹹粥」！

地點緣由 ◇◇◇◇◇◇◇

　　最早期鄭極老先生是以路邊攤的方式經營生意，40 多年前，當時正在整頓市容，於是鄭老先生便將當時位在民族路的攤位，移師到廣安宮前繼續營業。爾後，由於石精臼拆除，於是第一代負責人鄭老先生便承租下公園南路近 70 坪的營業店面，同時將這個傳統的小吃事業交由女婿張森雄先生經營，期待下一代能以嶄新而現代化的經營理念，為傳統小吃找出飲食事業未來的輝煌前景！

店舖租金 ◇◇◇◇◇◇◇

　　目前位於公園南路的現址，總坪數約為 100 坪，營業坪數則大致約 70 坪左右，約可容納 10 幾桌的客人；店租大約在 2 ～ 3 萬之間。

硬體設備 ◇◇◇◇◇◇◇

　　說到這裡的硬體設備，從冷凍櫃、桌椅、到各式鍋碗瓢盆等等生材器具，前前後後花了老板近 200 萬，或許有人會覺得一個小吃攤，需要花到這麼高額的硬體設備費嗎？這就必需回歸到老板的經營理念，就舉清潔為例，為避免清潔劑殘留的傷害，張老板堅持以高溫熱水殺菌的清潔方式，相對的自然增加了營業成本，而這一點一滴的堅持，正顯示「阿憨鹹粥」忠厚憨傻的用心，也是品管掌控的最佳寫照！

食材特色 ◇◇◇◇◇◇◇◇

　　這裡的食材強調自然、新鮮、健康。早期鄭老先生是以傳統實在的做生意方式，也就是親力親為、親自到市場去選購各式新鮮的食材！然而在張老板接手經營之後，以其食品化工的本科專業，半企業化的方式加以經營，並以契作的合作方式，達到食材的精選品管！像是蚵仔，便選擇在深海吊棚養殖、未經污染的蚵仔；而油條，同樣選擇無使用回鍋油的店家訂契約合作；食米方面，則以精選的西螺米為主；最後談到最重要的食材－虱目魚，虱目魚又名「國姓魚」、「牛乳魚」，張老板同樣以契作的合作方式加以採購，除了提供綠藻供魚食用、讓魚的肉質更加鮮美之外，更要求每尾虱目魚必需在 500 公克以上方可用來烹調！上述所有精選的食材要求，皆是張老板為了維持品質的穩定、對顧客熱誠的心意表現。

成本控制 ✦✦✦✦✦✦✦

由於張森雄老板所採用的食材都是與其他商家契作、新鮮講究的食材。故在食材的基本成本上就來得比別人高，而在製作過程上，也不在意重重製作手續的繁複。無論在湯頭的熬煮、下料的精燉、以及調味的選擇上，都堅持投注相當的時間及人力，做出極道地口味的鹹粥。因此，「阿憨鹹粥」的食材和人事營業費用極高，甚至超過五成。

口味特色 ✦✦✦✦✦✦✦

說到口味特色，就不得不提到這裡的重頭戲——虱目魚粥，一般的作法都是類似湯泡飯的方法，往往在顧客點用的時候，才把魚湯、飯和蚵仔等等的基本食材一塊兒放下去煮，如此煮起來，似乎在口味上不是那麼的爽口。

而「阿憨鹹粥」的熬煮方式，就顯得講究多了。首先以整顆

魚頭和整支完整的魚骨，加以燉煮約兩個小時後製成高湯湯頭，再以高湯與生米一起熬煮至米熟為止，由於不是以燜的方式調理，所以每一粒粥看起來都剔透晶瑩，令人垂涎三尺。緊接著再將虱目魚肉趁熱投入粥中，利用整鍋熱粥的溫度把魚肉燙熟，這樣的料理方式，可以保持魚肉的鮮美和柔軟。之後，再加入蔥酥、香菜和肉臊，一碗風味道地的美妙粥品就大功告成了。此時，如果再搭配上油條一起食用，油條的爽脆、配合上米粥的滑嫩，當真是粥中極品。正由於每一個環節的考究，難怪「阿憨鹹粥」會這麼受到老饕們的喜愛。

客層調查 ◆◇◆◇◆◇◆

老字號的「阿憨鹹粥」，除了隨著第一代負責人一起成長的老客人之外，由於秉持著憨厚待人、熱心待客的服務態度，再加上口味獨到，因此無論高官貴客、或是勞工階層、上班族群，都是其客群來源。加上媒體報導後聲名遠播，眾多遠道而來的客戶，更是店內的客群之一！

未來計劃 ◆◇◆◇◆◇◆

對於未來，「阿憨」事業的負責人張森雄先生可是有著極遠大的目標。目前已在中華東路開設第一家分店，除店內所有設施，如磁磚、不鏽鋼架、抽風台、菜梯等皆符合衛生署規定外，更將其設定為旗艦店，供未來直營加盟店參考及職前訓練之用。初步預期開放加盟，期能將店家擴展到 200 家的分店。最終目標是為了發揚東方米食文化，將「阿憨鹹粥」完全企業化，成為台灣的麥當勞！

開業數據大公開

項　　目	數　　字	備　　註
創業年數	52 年	目前由二代女兒女婿經營
坪數	約 100 坪左右	營業場所約 70 坪左右
租金	20,000~30,000 元	
人手數目	11 人	假日則約 15 人
平均每日來客數	每日約 2,000~3,000 人	假日約 5,000~6,000 人
平均每月營業額	約 300 萬左右	根據專家估計
平均每月進貨成本	約營業額的 3 成	大約估計
平均每月淨利	160 萬元左右	扣除食材及人事等成本

如何踏出成功的第一步

張森雄老板客氣的提到,「阿憨鹹粥」之所以成功的原因,最重要是用心,並且時時抱著一顆回社會、惜福的心,只要秉持憨厚的精神待人,並抱著薄利多銷經營理念,相信無論從事什麼行業,都會成功的。

作法大公開

鹹 粥

材料 (每個的材料)

項　　目	所需份量	價　　格
食米	約一碗量	40
虱目魚	4~5塊	時價
牡蠣（蚵仔）	10~12顆	時價
天然調味料	一小撮	時價

（價格 元/台斤）

製作方式

前置處理

阿憨鹹粥之所以能遠近馳名，就在他的粥湯特別。他會先將整顆魚頭和魚骨，燉煮兩個小時，成為濃醇香郁的高湯湯頭。然後將整鍋高湯與生米一起熬煮至米熟，成為一碗香甜馥郁的粥飯。至於，虱目魚肉，是以薄切模式，趁熱投入粥中，再利用整鍋熱粥的溫度把魚肉燙熟，這樣的料理方式，可以完整保持魚肉的鮮美和柔軟。

獨家撇步

「阿憨鹹粥」最獨家的撇步，在於它的半粥式料理方法，所謂的「半粥」，指的就是生米煮成粥的時候，米粒尚未全開，粥中亦未滲出米漿，而是呈現透明狀，這樣的半粥料理方式，最能表現出虱目魚的獨特風味，吃起來口感特佳。另外一個訣竅，則在於熬粥與獨特的汆湯方式，可以保持魚肉的鮮美和柔軟度，更能發揮米食的特有精緻！

製作步驟

① 先將整顆魚頭和魚骨，燉煮兩個小時，成為濃醇香郁的高湯湯頭。

② 然後將整鍋高湯與生米一起熬煮至米熟，成為一碗香甜馥郁的粥飯。

③

將新鮮的虱目魚肉，以薄切模式，趁熱投入粥中，再利用整鍋熱粥的溫度把魚肉燙熟，完整保持魚肉的鮮美和柔軟。

④

⑤  ⑥

滾燙熟成後，再灑上蔥酥、香菜和肉臊，一碗風味道地的美妙粥品，立時應運而生。

在家 DIY

　　說到鹹粥的歷史淵源，從明鄭陳永華參軍的札記中就有記載「以鹹粥博施國姓魚（虱目魚的別名）肉為台南獨有美味佳餚」！嘉慶年誌也有台南商賈以虱目魚肉汆入鹹粥挑擔沿街叫賣的記載，由此可知台南果然是虱目魚的故鄉，這也是為什麼台南的虱目魚粥遠近馳名。因此張森雄老板認為，要在家 DIY 的先決條件，還是在於食材的挑選，找到產地，挑選新鮮的食材，是東西好吃的首要條件。另外製作鹹粥時，記得以生米慢慢熬煮，遠比直接用飯加水煮來得爽口滑溜多了！

美味見證

　　對身為南台書法名師朱玖瑩老師，嫡傳弟子的安平才女蔡漁女士來說，早晨起來嘗一碗阿憨鹹粥，一天精神百倍，創意更是靈動如神。蔡漁女士說，對許多老台南人來說，廟口的鹹粥老舖和每天一碗碗冒著熱氣騰空的鹹粥，不但口味道地，更是生活習慣的一環，早已經成為府城生活文化的一部分。蔡漁老師特別喜歡早上來一碗阿憨的鹹粥飯，然後埋首盡情於她的文字書畫創作空間，這樣即使必須連續工作個四、五個小時，都不覺得體力不濟。

老闆給菜鳥的話

　　湯湯水水的行業，賺的是實實在在的辛苦錢。因此，張老板給有意投入吃這個行業的新鮮人一些建議，他建議要能刻苦耐勞的人，才適合投入這個行業，因為這樣的人才懂得敬業！更重要的是從業的人一定要有愛心，因為有愛心的人，才會慎選食材、不致亂買！而在人格特質上，更要具備細膩的特質，如此才能用心體會每個用餐者的感受，進而提供最貼心服務！

高雄地區

美味評比：★★★★★	人氣評比：★★★★★
服務評比：★★★★★	便宜評比：★★★★★
食材評比：★★★★	地點評比：★★★★★
名氣評比：★★★★★	衛生評比：★★★★★

369小籠湯包
行動小籠包館

裊裊輕煙笑容現　十里飄香嘆絕代
昔日京滬王謝宴　飛入尋常百姓家

DATA

- 老　　闆：張榮雄
- 店　　齡：七年
- 地　　址：高雄市明仁路心園大樓
- 電　　話：0932991530　07-7013240
- 營業時間：早上 6:30 ～ 10:00 左右 (週六與週日到 11:30)
- 公 休 日：每週一公休
- 人氣商品：小籠湯包
- 創業資金：40 萬元
- 每日營業額：約 5 千元左右
- 每月利潤：約 10 ～ 12 萬不等

明仁路　心園大樓

明誠路

現場描述

　　很多賺大錢的路邊攤店，擁有數十甚至上百萬的收益，嚴格來說，他們可能是繼承祖業，是站在平地上蓋樓房，算不得什麼。但是，現在要為您介紹的這家 369 小籠湯包，它不但沒有華麗的裝潢，甚至也算不上擺在路邊的攤子；它將所有器具都安置在小貨車上，機動性十足，就型同坊間目前非常流行的行動咖啡館，一種介乎逍遙與趣味間的路邊攤新模式。

　　更重要的是，它是在台灣這波不景氣

下，一個我們親眼目睹；發生在身邊的成功案例。之所以如此大力推薦介紹 369 小籠湯包這間店，純粹是因為「老爹」。

老爹，這是高雄三民區明誠路河堤社區居民，對小籠湯包經營者張榮雄先生的親暱稱呼。每天在現場，都會看到當地民眾愉悅的和老爹打招呼問好。在一旁，更總有一、兩位志工，會義務性的幫老爹桿麵、包餡。他們說，來幫老爹忙，一方面可以打發時間，另一方面是想偷學老爹的一身絕活。而老爹總喜歡慰勉這些朋友：小吃攤是個可以鼓勵窮人上路的行業，只要準備 12～20 萬現金，就可以完成自己創業的夢想。

雖然老爹年事已高，但看著他每天輕快的哼著歌曲，做出一籠又一籠的美味小籠湯包，令人深深感到，做生意其實是件十分快樂的事。

心路歷程

第一眼見到老爹，讓人不捨這樣的長者何以還需如此辛勤的工作，但是在與老爹共事一個早上，及和老爹、他的兒子、乾兒子聊過天之後，才發覺原來對老爹而言，這不只是一份工作，更是生活的一部份；是他與人交流溝通的途徑，也是老爹疼愛自己、讓自己成為社會有用份子的營生方式！

民國 17 年出生，現年已經 76 歲高齡的老爹，本名張榮雄，老爹是大家對他的敬稱，年輕時意氣風發的他，42 年畢業於陸軍官校，曾在冷氣公司擔任助理工程師，也曾任職於交通部航政司，民國 55 年開始跑船，足跡踏遍三川五嶽、大江南北，20 幾年過去，跑船生涯為他累積了財富也拓寬了視野。

　　然而有時錢財來得快、去得也快，一生重朋友、感情用事的他，錢財就像他經歷一般——船過水無痕！老爹又歸零了。有許多在中年遇到挫折的人，往往在挫敗中一蹶不振，老爹卻不然，他不怕跌倒，只怕爬不起來。在 69 歲的高齡時，毅然到台北士林修習大餅包小餅的技藝。返回高雄後，老爹先在鳳山家中開了第一家小吃店，8 個月的營業經驗，讓他了解到產品和地點的選擇很重要。由於士林湯湯水水的各式料理很多，大餅包小餅這類型的小吃就很適合帶著走當點心食用，所以生意鼎沸。而在鳳山販賣大餅包小餅，並不合適當地民眾的胃口，僅能偶而當點心品嚐，八個月後，老爹覺得，該是主動走向人群的時候了。

　　在悟透產品選擇的重要性後，老爹決定遠赴美國 Long Beach 找他的老大哥，也就是現年 80 幾歲高齡，旅居美國國寶級的張華老師傅重新學藝。在將近一個月的學習中，老大哥不僅傾囊相授，更將當年他源自上海、南京湯包的技藝，揚威台北震撼京城的「三六九小籠湯包」店招牌布條綬交老爹。就在六年前，老爹選定了現在的營業地點，開始了他的行動小籠湯包館！

369小籠湯包—行動小籠包館

經營狀況

命名來由 ◆◆◆◆◆◆◆

　　369 小籠湯包，原創立者為現在遠在美國加州 Long Beach、高齡 80 多歲的張華先生。張華先生原在台灣經營小籠湯包的生意，爾後移民至美國，繼續經營小籠湯包的事業；在美國，一籠湯包的賣價可是 9 塊錢美金呢！

　　而在小老弟的一通問候電話中，張華老師傅決定將其小籠包絕活傳授給他，於是老爹遠赴重洋學習箇中技巧，在高齡 70 歲時，重振旗鼓開創自己的另一番事業。

　　同時，老爹也接下老大哥保留多年的店招布條，將當年轟動台北的「369 小籠湯包」，在民國 87 年，以如此另類方式重現江湖！

地點緣由 ✦✦✦✦✦✦✦

　　369 小籠湯包的活動店面，當它拆下店招布條、關上貨車門時，那就只是一輛普通的小貨車，所以似乎是走到那裡就能營業到那裡。然而老爹表示，其實並沒有想像中那麼容易。因為在戶外營業，總會遇到店家的抗議，管委會及警察的取締等等，於是這時候如何建立好的人際關係，及尋求店家管委會的支持，就很重要了。也因此老爹在選擇營業地點時，最初是選擇在正修工專這個地方，後來由於提到的種種問題考量，最後將地點改到明仁路河堤社區出入口處。六年來，老爹成了這個社區居民的老朋友。當然，高雄河堤社區高達三～五萬人的居住和流動人口，高比例的上班族通勤背景和小家庭組合，讓小籠湯包一炮而紅。特別是老爹選擇位居出入口樞紐的心園大樓位置，是曾經身為軍人，具有敏銳戰略觀察力的老爹，決定生意地點的直覺選擇。

店舖租金 ✦✦✦✦✦✦✦

　　由於是流動攤販，所以並沒有租金的問題，然而要在一些住家或店家的門口擺攤，人際關係的建立是很重要的。因此如果一定要訂個租金價格，或許建立人情人脈所需花費的時間金錢，就是所要付出的租金。老爹在此開店做生意，以他的熱情和親切的態度，加上他不吝傳授手藝的胸襟，獲得河堤社區心園大樓住戶們的接納和互動。特別是老爹年事略高，偶有風寒而無法擺攤時，熱情的住戶還會主動打電話探詢，甚至幫忙擺攤、協助老爹開門營業；當然，這一切都是自發性質，更顯示出對老爹的完全認同。

食材特色 ◆◇◆◇◆◇◆

　　好吃的 369 小籠湯包，它的鮮甜味可不是靠味精提味，仰賴的，是真正老雞雞爪提煉的鮮。當然，這裡所賣的產品，衛生新鮮是首要條件！在食材選用上，每天選用百隻雞爪，用大火滾過，再用小火慢熬，慢慢的把骨髓和膠質，融於上湯中。之後，再將這凝膠成凍的雞腳鮮湯凍，以五比一的比例，和上新鮮上等的後腿豬肉；此時，再以一比二的比例，加上天然香料，像是遮掩腥味的老薑泥等。這樣和出來的內餡，則無需再加任何調味醬油及薑絲，吃起來不但腴香爽口，而且不油膩！另外由手工老麵，以一比三水麵比例，用前三後一順序，透過柔勁打出的麵糰，讓現桿現做現蒸的外皮，吃起來特別的有彈性！還有自行研磨製作的豆漿，以一比十比例的芝麻黃豆為原料，磨成鮮豆漿，慢慢熬煮後，喝起來味道當真是格外香濃。

硬體設備 ◆◇◆◇◆◇◆

　　想要擁有一個流動攤位，車子是最重要的工具。在營業之初，老爹即買下一部約 20 多萬元的二手小貨車，之後加上所有的生材器具，像是蒸籠、冷凍冰箱、研磨豆漿的機器　等等，共花費38 萬元左右，行動小籠包館就開始上路開張營業了。說到價廉物美，老爹說，高雄市三多路和九如、大順路口一帶，有很多的二手生財傢俱店，多比較幾家，肯定會讓年輕人少花許多冤枉錢。

成本控制 ◆◆◆◆◆◆◆

　　這是個小本經營的事業，1 籠有著 7 顆的湯包只賣 35 元，豆漿一杯也只賣 10 塊錢，若單就耗材而言，控制在三成左右。不過，由於老爹每天只營業一個早上，子女又都已長大有所成就，這份工作對他而言，成就感大於金錢考量。在重質大於重量下，每天現賣一百籠，賣完就收，是他一向的堅持。儘管客人大排長龍，他也不動容。因此，所有的前製人工，就全由老爹自己一手包辦。不過，老爹不吝教授絕活的氣度，也為他爭取了絕佳人氣，甚至是義務的幫手。每天早上，可以看見一群住在附近，晨起運動的老人家，或是想藉此學手藝的中年人士，心甘情願的幫老爹和麵、攪肉、包餡。以此計算，五成的利潤空間，老爹認為，夠讓人溫飽有餘。

口味特色 ◆◆◆◆◆◆◆

　　在口味上面，除了買來鳳山有名的辣椒油，增添口味選擇之外，老爹是不給任何調味料的，這當然包括醬油、薑絲、麻油。這是因為老爹在和內餡料的時候，除了完全沒有添加味精之外，還將雞腳燉上 6 個小時之久，冷卻成雞腳凍，並且加入以果汁機打成泥的薑，和入上等豬後腿肉，成為口味適度爽口的內餡。這餡料有個特色，看來平平無奇樣子，當你一口咬下，噴射而出

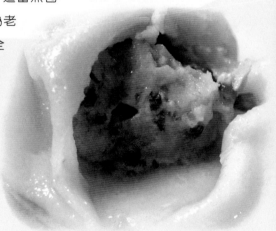

的那股鮮甜味，從包子的深處奔騰而出，刺激舌頭上的每一顆味蕾，讓你忍不住大喊—好好吃!! 然後，老薑和蔥蒜混合的辛香味，接踵竄出，伴隨著上等的肉味，直達胃囊深處。最後，舌頭一捲，把蘊藏著滿滿柔嫩，卻彈性十足的絞肉和包麵皮，充分咀嚼後一口吞下，你會大叫一聲，太讚了!! 此時再來一杯以芝麻黃豆研磨過濾，並且經過約 1 小時的攪動所製作出來的香純豆漿，你會相信，真的有人每天願意等上十來分鐘，就只為了這頓超值的早餐。

客層調查 ◆◆◆◆◆◆◆

　　老爹的流動小吃攤，正居高雄河堤社區內心園大樓的正門口。河堤社區是一個擁有近三萬人口的新式群組型大樓社區，居民素質類似台北天母社區，多半以公教人員的小家庭和擁有固定收入的單身貴族為主。因此，老爹大部份的客層都來自於附近來往的車輛和行人，當然社區的居民，就像鄰家的朋友一般，幾乎都會固定來報到，也是這個攤子的老主顧。有趣的是，老爹草創的流動攤，像磁石一般，吸引其他的早餐流動攤群聚；所以除了老爹的攤位外，大家還可以嚐到飯糰、漢堡、肉粽等中西美食。更重要的是，老爹深諳英語，對早成為外籍人士聚集點的河堤社區，老爹不只是位成功的外交官，也是難得的中華美食傳授者。

未來計劃 ◆◆◆◆◆◆◆

　　可別看老爹已經 70 有 6 了，對於未來他仍有非常旺盛的企圖心，最近的計劃是在 2 年內，可以為現在的流動攤位找個固定的家，在附近開一間屬於自己的店面，並且除了小籠湯包外，

369小籠湯包—行動小籠包館

還要加入北方的麵食類，像是餃子、辣子麵之類。當然，老爹還是強調，他歡迎有意二度就業的中年朋友，跟他一起來學手藝，打拼事業。老爹的心願是，日後高雄的朋友想吃道地好吃的小籠湯包，不需要大老遠跑到台北，只要在高雄，就可以吃到平價又美味的道地小籠湯包了。

開業數據大公開

項　目	數　字	備　註
創業年數	6 年	技藝傳承自有著 50 幾年歷史的老師傅
創業基金	30 萬	
坪數	一輛貨車大小的位置	
租金	流動攤位無需租金	
座位數	無	
人手數目	2 位	老爹 +1 位師傅（義工）
每日營業時數	五小時	100 籠，賣完即收
每月營業天數	二十六天	
公休日	每週一	
平均每日來客數	約 60~80 個左右的客人	現場估計
平均每日營業額	4000~5000 元	大約估計
平均每日營業成本	1500~2000 元	大約估計
平均每日淨利	3000 元	大約估計
平均每月來客數	2000~2500 人	大約估計
平均每月營業額	平約 15~18 萬元	根據專家估計
平均每月進貨成本	約 5、6 萬元	根據專家估計
平均每月淨利	約 10~12 萬元	根據專家估計

如何踏出成功的第一步

　　根據每個禮拜六到這裡幫忙的師傅卓惠宇表示，老爹成功最大的因素，除了他對品質的要求和堅持外，從不懈怠的積極旺盛工作力，是更令人感佩的！老爹總是說：只要車子一發動，咱們就等著－錢來也！樂觀、幽默使老爹成為一個好的銷售員，除了推銷自己的產品，也推銷自己的人品！老爹就像一本活字典，在他身上你可以看到、學到很多事情。舉凡新聞政令、寰宇蒐奇、祕聞逸事或是人生道理，他無不精通，說來頭頭是道，而且中西貫通。莫怪每天總有一堆人，喜歡吃他的小籠湯包，更愛聽他的妙趣對答。很多人說，老爹的小籠湯包就像他的人一樣，讓人吃過還想再吃，永遠有挖不盡的寶藏！

　　老爹認為自己的成功在於他對品質、衛生新鮮的要求，因為好事不出門、壞事傳千里，只要有一籠湯包的品質口感不好，影響的絕對不會只是一個客人，所以一定要把每個客人都當成朋友一樣對待和服務，才能將每個新顧客變成老主顧！

美味見證

　　對曾身為資深新聞工作者的李小芬來說，老爹的小籠湯包，平日是解決早點的便利快餐，假日是添加家人聚會樂趣的午餐主食。家就住在老爹行動餐車附近社區的小芬姊強調，老爹的小籠湯包，味美實在，製作過程又強調乾淨衛生，讓她強力推薦。雖然每次跟老爹買湯包，總要排長龍；但是，老爹風趣言談，卻讓等待的過程，趣味橫生，反而成為樂事。

作法大公開

小籠湯包

材料

外皮：（十二粒）

項　　目	所需份量	價　　格	備註
中筋老麵粉	半斤 / 麵	15 元 / 斤	

內餡

項　　目	所需份量	價　　格	備註
老薑	一搓	40	
蔥	少許	時價	
豬後腿肉	兩指份量	75	
雞腳凍	拇指頭大小	自製	

（單位 元 / 台斤）

製作方式

前置處理

- 雞腳凍的製作　完全沒有添加味精,將雞腳燉上 6 個小時之久,
  冷卻即成雞腳凍。

- 薑泥的製作　　將老薑切塊,丟入果汁機,高速打成薑泥備用。

- 內餡的調和　　將薑泥和蔥末,和入剁碎的上等豬後腿肉和雞
  腳凍塊,即成為口味適度爽口的內餡。

製作步驟

① 外皮的製作

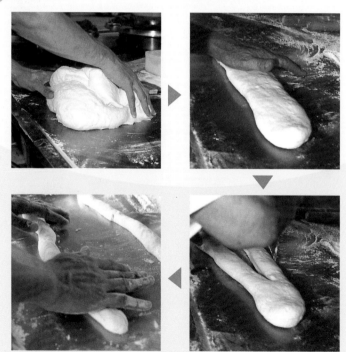

外皮的製作,講究麵粉與水的最佳比例,揉麵的技巧更須經驗
的累積,外皮製作的功夫如何,是決定口感的第一道關卡。

② 桿皮

麵揉好啦,接下來就要桿成適當的厚度,太厚太薄都不好吃,
另外,大小的控制也要留心。

在家DIY

　　很多人都有在家作麵食的
經驗,也都知道,好吃的關
鍵,一在揉麵的勁道,一在
內餡的調味。老爹告訴大家,
自家做麵時,千萬記得,一定
要使足勁道揉麵,不過,不能光憑
蠻勁。老爹語帶玄機的說,這就有點像是　　中 國
的內家子工夫,要剛柔並濟才行。包餡時,雖不見得要
求好看,但包的紮實不露餡可是要點;不然,待蒸籠熱
氣一炊,鮮美的餡汁全跑出來了,就十分可惜。

③ 雞腳凍的製作，講究完全沒有添加味精，將雞腳燉上 6 個小時之久，冷卻即成雞腳凍。

④ 薑泥的製作是將老薑切塊，丟入果汁機，高速打成薑泥備用。

⑤ 內餡的調和要將薑泥和蔥末，和入剁碎的上等豬後腿肉和雞腳凍塊，即成為口味適度爽口的內餡。

⑥ 包小籠包

在桿好的麵皮裡包入特調的內餡，就完成令人垂涎的招牌小籠包。

獨家撇步

特殊的雞腳凍做法，先將雞腳燉上 6 個小時之久，待濾過渣後，將湯汁置入冰箱，冷卻成雞腳凍。加入以果汁機打成泥的薑，和入上等豬後腿肉，成為口味適度爽口的內餡。

⑦ 蒸熟

放入蒸籠內蒸熟即可。

⑧ 裝盒外帶

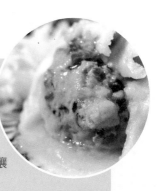

老闆給菜鳥的話

　　老爹鼓勵所有對這個行業有興趣的朋友，都可以自行創業！只要你擁有 12～20 萬左右的資金，老爹甚至可以免費傳授技藝，讓有心的人能夠擁有自己的事業！

　　在這裡老爹也提供 3 個重點給想要創業的朋友們，第一不要貪；第二要對自己有信心，只要口感始終穩定、不隨便改變、相信來一個客人就多一個老主顧；第三就是要乾淨，一個人做卻是眾人在吃，把每一個客人要吃的東西當成自己的朋友家人要吃的就對了！

　　只要一切照著步伐、穩定的往前走，想要像老爹一樣為家庭來奮鬥，帶給家人一個安穩的生活，是絕對沒有問題的。最後英文流暢的老爹送上一句話和所有為家人奮鬥的朋友一起共勉：I have been try my best to do for my family！

美味評比：★★★★★	人氣評比：★★★★★
服務評比：★★★	便宜評比：★★★★
食材評比：★★★★	地點評比：★★★★
名氣評比：★★★★★	衛生評比：★★★★★

阿婆冰

包頭阿婆李鹹冰　　三代相傳古早味
鹽埕風華獨此物　　願君港都多流連

- 老　　闆：蔡源鎰
- 店　　齡：六十年
- 地　　址：高雄市鹽埕區七賢三路 150 號
- 電　　話：(07)551-3180,551-7043
- 營業時間：9:00~24:30
- 公 休 日：無
- 人氣商品：四果冰（35 元 / 碗）
- 創業資金：35 日幣（約現在台幣 5000 元）
- 每日營業額：5~6 萬元 (粗估)
- 每月利潤：約 120 萬

太公路

七賢三路

現場描述

　　你絕對不能想像，原來一碗冰裡面，竟然可以嚐到這麼濃郁的阿嬤味道！

　　祖傳三代，擁有六十載歷史的高雄阿婆仔冰店，幾乎是所有高雄人，對老鹽埕最深處的共同回憶。在這家掛滿老照片的新開老店裡，老、中、青三代高雄人，全部可以嚐到最「哈」口味的冰品。

老實說，嚐過阿婆冰，會有一種讓味蕾幸福到不行的感覺。冰店的蔡老闆，幾乎是用做專業料理的精神和用心，研發出一道又一道的超ㄅㄧㄤˋ冰品。即便是最古早推出的李鹹冰，亦或是專為治歹嘴斗客人，今夏新推出的榴槤冰，裡頭都藏著讓人尖叫不斷的驚喜。

從推著簡陋手推車，在市場邊賣涼水糊口，養活一家老小的包頭阿嬤；到今天成為擁有二十五名家族成員和店員的高雄第一家冰品專賣店。阿婆仔的勤奮、刻苦、挑戰、創新的精神，不但是今天蔡家人子孫相承的庭訓，更是至今，每天仍能吸引大批顧客，心甘情願排隊等候的最大誘因。

心路歷程

阿婆冰之所以知名：不只是冰品口味與眾不同，而是它的本身，就是一則傳奇。一甲子前，包著頭巾好掩飾自己因痼疾纏身，而落髮殆盡窘樣的蔡固，面臨丈夫突然過世，立刻得一肩扛起家庭重擔的變故；當時的她一籌莫展，飄洋過海從澎湖來到高雄，貧困潦倒正是最貼切的寫照。

但是，她並沒有因此被命運擊垮；咬緊牙關，靠著學自前輩的一手醃製蜜餞果脯的技法，在高雄的老鹽埕市場，用當時的 35 元日幣（大約今天的 5000 元台幣），經營起一攤一、兩坪大的清冰攤。蔡固相信，天無絕人之路。

　　就這樣，原名新生冰店的這個小小冰攤，在她勤奮刻苦的工作態度和不斷研發新口味的精神下，以阿婆仔冰店之名，一步一步走向成功。然而，尚未來得及仔細品嚐成功的甜美果實，就在冰店生意蒸蒸日上之際，勞碌一生的蔡阿嬤，終於還是在忙碌中，嚥下最後一口氣。失去阿嬤的阿婆仔冰店，就像是失了根的蘭花，縱然艷麗依舊，卻可能隨時枯萎。蔡家這時面臨第一次危機。

　　憑藉著老主顧對阿婆仔冰店的依戀和第二代蔡雄保先生的努力，阿婆冰有了新生的力量。鹽埕老市場大火重建工程，讓阿婆

阿婆冰

冰因禍得福，脫離了依附在傳統市場下的舊時代，在大仁路上，找到了新的定位和生根據點。就在這時候，一場禍起蕭牆的店名之爭，卻再度讓整個家族和冰店事業，面臨分崩危機。

經過冗長的法庭之爭和市場攻防戰後，蔡家第三代蔡源鎰先生兄弟倆，正式接掌今天的阿婆仔冰店。學習理工出身，又曾在工廠擔任管理監督工作，蔡家第三代掌門人與原從事百貨業的長媳，決心以效率分工和市場研發，再創冰店新生命。不料，卻在引進美式效率管理時，面臨顧客習慣難改，徘徊在新舊之間的尷尬期。不過，正如蔡源鎰先生所言，他們有信心，教育客戶新的市場理念。

如此輾轉的一甲子過去，蔡家老阿嬤留給後世子孫的珍貴資產，不只是四果冰、李鹹冰這些冰品名稱，更包含著勤奮持家，努力創新的身教言教。以致在今天，阿婆仔冰不只是當年蔡固女士養家糊口的一隅冰攤；它更成為每個高雄人，對老鹽埕逝去風華，憑弔留念的共同記憶。

經營狀況

命名來由 ◆◆◆◆◆◆◆

從最初的一碗四果冰一塊五毛錢（新台幣），到現在三、五十塊錢，雖然物換星移，人事全非；但吃起阿婆仔冰，總比別人多了一股懷舊味兒。原名新生冰店的阿婆冰創始於昭和 6 年（1933年），當時的老闆娘蔡固女士，因為落髮禿頂，因此經常包著頭巾做生意。臨近的高雄女中（當時為省高女）學生，在下課後常光顧小店，更暱稱她為「阿婆」，於是「阿婆仔冰」之名就在高雄不逕而走。爾後，由於蔡固對醃漬楊桃、李子十分拿手，因此

四果冰、李鹹冰，便成為當時學生們最歡迎的冰點，甚至連國外觀光客也都慕名而來。

地點緣由 ❖❖❖❖❖❖❖

　　最早的阿婆冰，原是在舊鹽埕老市場的一隅攤位。爾後，因市場大火，高雄市政府原址重建現代化綜合市場，阿婆冰由僅能容許七、八人座的小攤，搬移至大仁路上，以二十坪大小的店面做生意。後來，因為終究是租店面，必須仰人鼻息，為此還在大仁路上兩度搬遷。為了擺脫寄人籬下的日子，今年終於在蔡家第三代堅持下，選擇七賢路上購置新居，正式落戶。雖然屢次遷徙，但若仔細觀察阿婆冰店搬遷的地址，仍不脫老阿嬤最早營業的老市場冰攤一百公尺以內距離，目的即是便利老顧客回流時，仍能順利找到記憶中的阿婆仔冰。

店舖租金 ❖❖❖❖❖❖❖

從最早的 35 元日幣創業；承租下第一個市場的攤位；到民國九十二年正式購置新居；阿婆冰幾乎是創業有多久，就承租了多久的店面。光復後到民國六十年間的高雄鹽埕區，因為外埠資源豐富，也曾享受過盛極一時的風光局面。當時更以五福和七賢路口的堀江商場，以及大勇路上的大新百貨，成為南台灣購買舶來品，追逐時髦流行的代表地區。而阿婆冰店鄰近商圈，身處大溝頂攤販市場旁，佔了地利之便。雖然民國七十年以後，大統百貨商圈的興起，風水輪流轉讓老鹽埕區一蹶不振，但據阿婆冰第三代蔡源鎰先生透露，原店面租金，三到四萬元仍是跑不掉的。因此，後來乾脆藉著房地產下滑機會，購買現址店舖，變換租金為房屋貸款，反而繳得心甘情願。

硬體設備 ❖❖❖❖❖❖❖

從事冰品生意，其實不只是簡單的冰塊剉冰和盛盤上桌的動作而已。搬了新址的阿婆仔冰，為了避免水果腐壞，並提供消費者最新鮮的時令冰品，特別斥資五十萬元，建立兩層各約十坪大小，由電腦控溫的低溫儲存室，以取代傳統冰箱。另外，蔡先生還規劃個人的料理研究室，專事研擬開發新的冰品口味。不過，蔡先生建議有心入行的朋友，一切還是以節省開支為宜；無論是鍋盆瓢盤或是冰櫃、料理台等相關周邊，都可前往三多路或是公園路一帶的二手廚具店採購。至於裝潢方面，目前市場流行極簡風，他建議不必耗費太多資金在這上面；不過他也強調，一定要為年輕人留一塊抒發塗鴉的空間。否則，屆時南台灣年輕人的熱情，將會成為商家揮之不去的夢魘。

食材特色 ◆◆◆◆◆◆◆◆

採用古法煉製，完全不用人工色素，吃起來酸酸甜甜又有脆度，是阿婆冰歷久不衰的原因。蔡源鎰先生強調，阿婆冰的果脯蜜餞和調味澆汁，全是他依據阿嬤古傳的秘法，採用盛產期新鮮水果泡製而成。但真正阿婆冰的食材秘技重點，是在他發揮現代管理的概念，親嚐台灣四季水果，然後將它們分門別類，不斷研發搭配出兼具懷古與現代感的特殊冰品料理。

成本控制 ◆◆◆◆◆◆◆◆

隨時注意大賣場的批發消息，是蔡老闆至今能壓低成本，又能提供超多料的不二法門。他舉一個現成的例子，最近自大賣場以每斤六元價格，購買一批將進一千斤的泰國進口榴槤；經過他連續幾天不眠不休的精煉和調味後，今年夏天，大家將可以七十元的超低價格，嚐到好吃到不行，凡人絕對無法抵擋的阿婆ㄟ榴槤冰。

蔡老闆強調，冰品搭新鮮水果的滋味最好，但是果類本身易腐；因此，適切掌握進貨數量相當重要。他建議，一般商家維持

度小月系列 · 賺翻篇
Money 11

127

在三天的量最為適當。不過，一但水果出現類似發酵的酒味，還為節省成本，硬推給客人，這絕不是正確的經營之道。

口味特色 ✦✦✦✦✦✦✦✦

阿婆冰的產品除了冰類、蕃茄盤還有燒麻糬等，基本上是冷熱兼備，四季皆宜。所以，他們較沒有淡旺季的區別。不過，來到阿婆仔冰的客人，還是最喜歡來份讓味蕾充滿喜怒哀樂情緒的四果冰。

用鬆軟適度的雪白清冰作底，配上李鹹、楊桃、芒果、青梅、木瓜等果脯蜜餞，最後再澆上阿媽祖傳精製的李鹹湯汁；那一股子酸中藏甘，甘後回甜的滋味，順著冰冷勁涼的爽冽剉冰，直達胃囊的最深處　，那種感覺，絕非單單的只是一碗冰而已。蔡老闆偷偷透露，由李子醃製而成的李鹹蜜餞，是阿婆仔冰變化萬千的最佳魔術師。

客層調查 ✦✦✦✦✦✦✦

老少咸宜，男歡女愛各有所好，這是阿婆仔冰對所有顧客的保證。蔡老闆說，經過長達六、七十年的研發，他至少能供應出百種以上口味的冰品種類；不過，店裡經常供應種類約莫維持在五十種上下。即便如此，蔡老闆還是教育工作人員，必須以最大彈性，迎合所有來客的需求。

不同於其他以年輕學生族群為主力的冰店，阿婆仔冰店橫

跨一甲子的歲月，成為它最雄厚的客源資本。在這家老店裡，經常可以見到老、中、青三代，共聚一堂的畫面。甚至，經過大眾媒體不斷的報導，更有許多國外的觀光客，指名要來一嚐「grandmother」的ㄅㄧㄍㄧㄤ ICE。（阿婆仔的李鹹冰）

未來計劃 ◆◆◆◆◆◆◆◆

橫跨六十載的歲月，今天已經接棒的第三代蔡源鎰先生，一再強調阿婆仔冰對整個家族向心力量凝聚的重要性。相較於其他同業，在稍具知名度後，即透過加盟方式快速擴張規模，結果卻導致消費市場的負面回應。蔡家細緻的由大哥負責研發，二哥負責採購，女性和孩子則承擔製作、客服和財務的工作。在遷居新址，擁有完全屬於自己的店面後，蔡家並未有任何加盟或是將冰品便利化上架的計劃。

蔡先生說，阿嬤交代，要子孫們守住這片產業；加上他們全家人，對自家品牌的戰戰兢兢，因此，他們絕不會背離先人的訓誨，一定堅守祖業，繼續推陳出新，將阿婆仔冰發揚光大。

如何踏出成功的第一步

做生意，多為客人想一點，這是蔡先生對同樣想做生意的朋友，發自真誠的提醒。阿婆仔冰的賣點，即在於它的六十年歷史；同樣的，一甲子的歲月，卻也可能侷限了它的發展。蔡先生說，他原是在工廠從事管理工作，人近中年以後，才接下家族重擔。事實上，也幾近於中年創業。這份事業接手後，他並不以家傳的冰品滿足，反而不斷試探市場，推出價廉物美的超值新品，蔡先生認為，或許這才是阿婆仔冰始終屹立不搖的主因。

開業數據大公開

項　　目	數　字	備　註
創業年數	六十年	目前由第三代接手經營
創業基金	35 元日幣（約合今日 5000 元台幣）	
坪數	四十坪	包含一和二樓
租金	店面自購	附近店鋪租金約 8~10 萬
座位數	約 120 個座位	最多約可容納 200 人
人手數目	25 人	多是阿巴桑，她們負責平日與假日輪
每日營業時數	約十五個小時	
每月營業天數	全年無休	
公休日	無	
平均每日來客數	約 1000 盤	夏天假日可賣到 10000 盤
平均每日營業額	50000 元	大約估計
平均每日營業成本	10000 ～ 15000	大約估計
平均每日淨利	30000 元	大約估計
平均每月來客數	三萬人次	大約估計
平均每月營業額	150 萬	老闆娘怕被綁架的說法
平均每月進貨成本	30 萬	大約估計
平均每月淨利	120 萬	根據專家估計

作法大公開

水 果 冰

材料 （每個的材料）

項　　目	所需份量	價　　格
冰塊	約一碗量	
季節水果（芒果、西瓜、芭樂等）	滿滿覆蓋整碗剉冰	時價
調味醬汁	酌量（以能覆蓋整碗冰為主，估計約湯瓢的兩到三杓）	

（價格　元 / 台斤）

製作方式

前置處理

　　阿婆仔冰的重點在它的調味醬汁。蔡老闆非常大方的公佈它的關鍵，他說，要讓醬汁作到具黏稠性，坊間多半用粉提味，結果弄得整碗冰味道盡失。在試過各種材質後，他用山藥與果漿混合，達到很棒的口感和效果。他建議大家，不妨先用香蕉、蘋果、芭樂、百香果作基調，提煉出香濃甘醇的調味醬汁。

製作步驟

① 阿婆仔冰的重點在它的調味醬汁。

② 用山藥與果漿混合,達到很棒的口感和效果。

③ 可先用香蕉、蘋果、芭樂、百香果作基調,提煉出香濃甘醇的調味醬汁。

④ 搭配新鮮的當季水果,或是酸甜誘人的百果蜜餞,擺在冰涼的碎冰中,就是一道消暑的夏日冰品。

老闆給菜鳥的話

「精緻、創新、多花點心!」,蔡老闆說,他願意把阿嬤的話,跟大家分享。

在家DIY

簡單的做法是，將當令新鮮水果，直接清洗切塊後，先予以冰鎮一下，增加涼度和凝聚甜度。再將買來的李鹹蜜餞，加糖水和山藥塊熬煮成黏稠的酸甜醬汁。最後用乾淨的冰塊刨冰，加在滿滿水果的碗公上，並淋上李鹹蜜餞糖水醬汁調味，就是一碗迥異於平常水果冰的阿婆水果李鹹冰。

獨家撇步

阿婆仔冰的口味繁多，還可以按照個人的喜好調整味道，這是蔡老闆對客人服務的堅持和尊重。不過，不同於坊間業者，在選擇水果時的毫無章法，蔡老闆傳自阿嬤對孩子的叮嚀和囑咐，藉著深諳養生和食物相生相剋道理，讓吃冰更健康。他說，每種水果自有它的屬性，若陰陽失調，客人吃冰不但吃不出健康，反而搞到一身疾病。所以他從古書取經，加上親嚐百果了解味道，才能組合出各類冰品，也才能讓客人吃到既健康養生，又能滿足口感的阿婆仔冰。

美味見證

　　你很難想像，願意為阿婆冰做見證的頭號人物，竟然是前民進黨主席施明德先生。原來，施主席的老家－施閣嘴跌打筋骨店，就在老阿婆冰店的斜對面，他從小就是冰店的老主顧，套句老話，「是吃這個長大的呢！」。施主席除了愛吃冰外，更愛冰店的蕃茄切盤，他說，「這個灑上甘草鹽，味道更讚!!」。

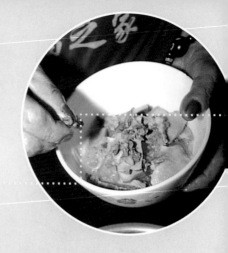

美味評比：★★★★★	人氣評比：★★★★
服務評比：★★★★	便宜評比：★★★★
食材評比：★★★★★	地點評比：★★★
名氣評比：★★★★	衛生評比：★★★★★

冬粉王

冬粉世家笑稱王　豪氣干雲賽孟嘗

八戒肚裡討滋味　妙手乾坤佛跳牆

- 老　　　闆：王炳山先生
- 店　　　齡：32 年
- 地　　　址：高雄市鹽埕區大勇路七十之一號
- 電　　　話：07-5514349
- 營 業 時 間：早上 8:00 ～晚上 8:00
- 公 休 日：過年、清明、端午、中元普渡
- 人 氣 商 品：豬舌冬粉（50 元 / 份）
- 創 業 資 金：民國五十九年創業，當時的二千元新台幣，
　　　　　　　約合今天的五萬元現金
- 每日營業額：6 萬元 (粗估)
- 每月利潤：約 100 萬元

大新百貨
五福路
大勇路

現場描述

　　縱然門口正轟隆隆的進行著高雄捷運隧道的挖掘工程，「冬粉王」三個白底紅字的長型招牌，儘管隱沒在一片紅、橙、黃、綠的市招中，但對於懂得吃的高雄人來說，就是有辦法熟門熟路的摸到這裡，嚐一碗有媽媽味道的豬舌冬粉，這就是冬粉王的魅力所在。就像是孟母三遷的故事，冬粉王老店搬了不只一次家，但就像是沾了蜜似的，老顧客就是有辦法

找到老店新家，難怪每天十二小時的營業時間，就看到客人吃完了走、走了又再來，川流不息的流動著。

　　目前的冬粉王分為大勇路兩層樓店面，以及斜後方巷子裡的透天厝一樓部分。不過，你可別小看這小小店面，店裡百多張的椅子，就是空不下來。平常日是鹽埕區的老厝邊，鄰近高雄港碼頭的勞動人群來捧場，到了星期假日，就又成了外來觀光客，到此一遊的重要景點。冬粉王的老闆王炳山先生和他的牽手王李笑女士，就像是獨門活招牌一般，到店裡等菜上桌的時間，要是無聊的話，還可以順手翻閱將近數十本的相本來瞧瞧，這可是他們兩位遊遍天下的紀錄。到冬粉王吃好吃的豬舌冬粉，配盤全套的切盤，再跟兩位老人家開講聊天，你會發現—人生真是有意思。

冬粉王

心路歷程

　　民國五十九年，台灣經濟還正艱苦奮鬥，高雄港的碼頭邊，盡是一票討辛苦勞力錢過生活的工人。當時，四十歲的王炳山和三十七歲的王李笑，也是這群淌著汗水只求糊口的一份子。鑑於生活確實不好過，夫妻倆就試著改行做起切仔攤的小生意。每天推著小車子在今日公園路路邊，跑給警察追；日子長久下來，兩人私底下商量，乾脆租了附近的店面，開起正式的店舖，同時也放棄了原先燒酒攤的模式，專以獲得大家好評的冬粉搭配汆燙豬大件，作為販賣主力。沒有想到，這一晃眼，竟是三十年過去。雖然早已滿頭花白頭髮，目前店舖也轉由原先從事電子行業的兒子接手，但王李笑還是數十年如一日，依然天天站在店裡灶台的後方，滿臉笑容的邊和熟客打招呼，邊俐落的切著豬大件。王李笑說，老公和她都是艱苦過來的，生活不寬裕的日子，她也經歷過；因此，店裡除了冬粉外，一碗五塊錢的蕃薯飯，一碟五塊錢的菜脯乾，她還是數十年如一日的供應著。特別是有一年的大年初四，才剛開店就來一位九十多高齡的老先生，大老遠的專程來吃冬粉，老公認為這真是難得，除了當場放炮燒金表示福氣外，還打了塊匾額，言明八十歲以上老人來店用餐免錢；結果，一轉眼也二十年過去了。當然，冬粉王—王炳山先生和王李笑女士，也真的招待了不知多少符合條件的老人家一飽口福。

經營狀況

　　賣冬粉的打街上一站隨處可見，唯獨冬粉王的特別讚，究竟是為什麼呢？一路走來，始終如一；這不只是

一句口號，更是王炳山先生和王李笑女士奉行三十年的生活準則。就像是王李笑女士口裡的叨唸，我這個尢，天天都給它趴趴走，哇係勞碌命，每天不工作就渾身不對勁；不過，言語裡倆人濃密的感情，足以讓現代速食愛情的新人類為之汗顏。冬粉王，就是一間這麼混著味香、食美、料讚、人情足的老鹽埕美食店典範。

命名來由 ❖❖❖❖❖❖❖

取名冬粉王，可不是店東霸氣，有天上天下，唯我稱王的架式，只是剛巧老闆姓王，賣冬粉的而已。只是這麼叫著，時間一久，大家都知道鹽埕區大勇路有個冬粉王，對字面的認知，也轉成冬粉之王。這些年，也有不少人仿名冬粉王，在各地開店，但就是過不了一年店期這一關，老闆娘說，這是因為他們的量大、料多實在，自然湯頭味甘甜美，煮出來的冬粉湯，滋味自然不同凡響，就算是擔一個「王」字，也是不為過了。

地點緣由 ❖❖❖❖❖❖❖

笑容滿臉的老闆娘，在談起當年的艱辛歲月時，還是一臉笑意；她說，把它當作好笑的事情來回憶，其實也是蠻不錯的。老闆娘說，最早原是她和先生討活路，推著小車子做的路邊小生意，後來因為整頓市容，全力取締流動攤販的影響，迫使他們決定找個地點落腳下來。早先因為房子是租來的，店舖不得已一換又換，但客人竟然都沒有流失，一路相隨。十三年前，租下的這棟兩層樓店舖，日前又因為租金問題，讓他們苦惱不已。終於老闆痛下決心，在七賢三路標下一棟房子，正宗冬粉王的未來，終於可以不再漂泊。

店舖租金 ◇◇◇◇◇◇◇◇

　　從隨時得跑給警察追的路邊攤，到花一個月三、四萬元租店面，甚至於現在雙層店面，每個月得要花個七、八萬元租金；老闆娘說，鹽埕區市景的沒落，是個不爭的事實，加上高雄捷運工地施工，正巧橫亙在店門口前，或多或少阻礙了來往人客落座的意願，因此，老闆日前花了一筆為數不眥的數目，買下了七賢三路派出所旁邊的一棟法拍屋。老闆娘笑說，這下，得更要好好打拼，才能賺回房厝錢囉。

硬體設備 ◇◇◇◇◇◇◇

　　從當年的兩千塊錢，推個小手推車在路邊擺攤創業，到今天日入五萬元，老闆娘說，奮鬥的過程，還真的蠻辛苦的。目前店裡粗估，約有一百二十張椅子，三十張桌子和一張L型的白鐵料理台。中型的冷凍櫃，冰著處理乾淨的豬內臟。一袋袋的乾燥冬粉，被放置在店裡的儲藏櫃裡，待要用時，才下水浸泡四十分，再用特殊的篩漏和水桶，把冬粉瀝出備用。其他用到的，不過是一般麵攤常用的燉湯鍋、煮麵鍋和菜檯罷了。整體算下來，約莫只需五十到六十萬的硬體家當。

成本控制 ◇◇◇◇◇◇◇

　　王李笑不好意思的說，她們賺的其實是一些手工錢而已。一碗綜合冬粉，除了挑選的是高雄有名的雙鷹粉絲外，連提味的冬菜，也是她親自找尋，高雄在地有名的老醬舖所出產。此外，鋪著滿滿一碗公面的豬舌、豬心、豬腰花、豬雙連肉；她說，賺多賺少不要緊，只要大家  吃的歡喜就好，基本上，她認為有個兩、三成的利潤，讓家人生活過的去就好啦。

冬粉王

食材特色 ◆◆◆◆◆◆◆◆

　　冬粉王下鍋的，當然是冬粉，可奇怪的是，天下賣冬粉的整條街都是，為何就只他家特別「ㄕㄨㄚ嘴」呢？笑咪咪的老闆娘，透露自家東西好吃的秘方，無非第一新鮮、第二量大、第三是研發新口味的食材。看冬粉王店裡灶上爐火滾動的湯頭，真的會令人大吃一驚。據老闆娘表示，她每天下鍋的豬舌數量，就高達六、七十個，遇到假日生意好，一天鍋裡滾個八、九十個豬舌頭，也是有的。其他加上豬心、豬腰花……一堆豬大件，光處理乾淨，就是件耗費人工的事。不過，自稱有潔癖的老闆娘保證，他家的東西，好吃而且衛生、乾淨，客人完全看的見。或許，老闆學自日本料理的刀工，加上老闆娘對食材的火侯自信，是冬粉王能屹立三十年的保證吧。最近，老闆更以自己戒吃檳榔，改哺干貝的心得，特別配合紅、白蘿蔔，調製出富含營養，且深具中醫明目療效的干貝湯，才八十元的平民價格，卻可以看到滿滿一整碗的日本高級元貝料，不但嚐的到鮮味，更吃的到真正的好料，這也是老闆夫妻倆紮實做生意的基本信念。

度小月

口味特色 ✦✦✦✦✦✦✦

　　冬粉王的東西好吃，特別是那個湯頭，簡直令人甘甜到心頭!!這是每個吃過冬粉王的客人，對這家老店的共同評價。為什麼湯頭會這麼甜呢？老闆娘微笑的說，放心，咱家決不會用味素來調味啦!!老闆娘說，這鍋高湯是用豬後腿骨的膝蓋頭做湯底，加上豬舌為料，將一鍋湯的美味提煉出來，和市場普遍用豬頭骨燉湯的方法絕對不同。她說，這是多年研究出來的好東西，不同市面上的頭骨湯，含有毒素，會讓身體不健康；她強調，這鍋湯不但滋補養生，對手術後剛病癒的病人更是特別好。此外，配蕃薯飯的菜脯乾，得要用開水川洗三次，浸水兩小時後，再去鹹加辣油、豆油、豆瓣醬和白糖，至少醃製個把禮拜完成。這可是我祖傳手工做的喔，老闆娘自豪的透露。

客層調查 ✦✦✦✦✦✦✦

　　店老、名氣響，加上鄰近老客層的口耳相傳；冬粉王不僅是家遠近馳名的高雄特產小吃店面，更是老鹽埕鄰居和附近做粗活的勞動朋友們，每天填飽肚皮的餐飲食店。好玩的是，老闆的好客，加上老闆娘的吟吟笑臉，吸引很多年輕人，也喜歡往店裡跑，他們特愛在等冬粉時，拿著老闆遊遍世界的照片簿，跟老闆打趣詢問哪國的小姐最水噹噹，最讓他動心。

未來計劃 ◆◇◆◇◆◇◆◇

　　謹守一片天地，感謝老天賞口飯吃，實實在在的存好心，看到大家吃的快快樂樂就可以了。這是謙稱無甚大志的老闆娘，小小的一份心願。不似其他小吃，可以加工再製調味，冬粉王強調的是冬粉 Q，配料鮮脆，湯頭甘甜，這些恐怕都不是坊間麵店、小吃攤堪可比擬的。目前待搬到新家後，兩百人座的位置，夠她忙到八十歲了，對於開分店的計畫，她說，看子孫努力囉!!

開業數據大公開

項　　目	數　字	備　註
創業年數	32 年	從早期路邊攤到擁有店面
坪數	50 坪	兩層樓及隔鄰店面
租金	七萬元	一次簽約二年
人手數目	十人	含家人及店員
平均每日來客數	700~800 人次	每人平均消費 1.5 碗
平均每月營業額	180~200 萬元	大約估計
平均每月進貨成本	30 萬元	根據專家估計
平均每月淨利	100 萬元	根據專家估計

如何踏出成功的第一步

　　不要一心想的淨是賺大錢。做任何行業，先要從保本賺份工資入門，待經驗豐足了以後，再慢慢的整理出心得，自然能從小

做大，積少成多。不過，老闆娘也很感嘆，現在年輕人事事速成，不願吃苦操勞，這種賺人工錢的餐飲業，若非真是下定決心，否則很難持之以恆。另外，夫妻若能共同一心打拼事業，對於增進感情，甚至互相勉勵扶持，都將是更好的方式。

美味見證

見證冬粉王家的美食，當然得找同樣對美食有鑑賞力的美食家，身兼「魚鱗癬關懷協會」理事長的知名彩妝大師艾莉老師（陳麗琴），就是王家豬舌冬粉的超級愛好者。因為工作關係，艾莉老師經常匆忙往來於各學校間，每每行經鹽埕區，她一定繞過去嚐一碗鮮。不過，強調養顏保身的艾莉老師，特別推薦店裡的干貝湯，貨真價實且料多味美，是艾莉老師給它十足十高等評價的主因。當然，也是她維持好氣色的私房小點。

老闆給菜鳥的話

不計較成本選購材料，煮出來的東西就一定會好吃，這是老闆的人生哲理，也是老闆送給年輕人的一句話。

作法大公開

豬舌冬粉

材料 （每個的材料）

項　　目	所需份量	價　　格
冬粉	一把	35
高湯	滿碗	自製
冬菜	一撮	時價
豬舌、心、腰花、肝連肉	各兩片	時價
醬料	一小碟	自製

（價格 元/台斤）

製作方式

前置處理

1. 俗稱粉絲的冬粉，得先用水浸泡搓洗，好吃的關鍵即在此喔!!

2. 高湯純用後腿膝蓋骨，加上每天至少處理乾淨的六、七十隻豬舌，才能熬出湯頭的鮮甜甘味。

製作步驟

冬粉一把,泡水後再輕微搓洗,
約四十分鐘後,用篩子將水分
瀝乾備用。

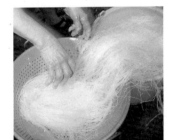

豬後腿膝蓋骨過水,濾去血渣
後,再以清水燉出整鍋高湯,
做為冬粉湯底。

獨家撇步

　　甘甜絕倫的高湯,加上生熟恰當的豬大件
切片,配上絲縷分明、晶瑩剔透的冬粉,只有
一句話形容,「喔!叫我不想它,也難!!」。

③

生豬舌洗淨後，先以滾水燙生，再用鐵湯匙，仔細的刮去舌苔和血管、臟器表面的雜生廢件，再丟入大火高湯滾熟。

④

滾熟後的豬舌，放置冰塊上置涼，待切片備用。

⑤

冬粉丟入煮麵鍋熟透，撈起置碗。

⑥

豬舌、心、腰花等切片，按扇型花樣鋪置於冬粉上。

⑦ 灑上調味冬菜，增加鮮味。

⑧ 最後舀上甘甜高湯，盛裝置盤即成。

在家DIY

　　沒嚐過豬舌滋味的朋友，乍看它的樣貌，多半會退避三舍，直呼可怖；但是，一旦品過它的甘甜美味，真的是會愛上它的特殊風味。王老闆建議在家初試的朋友，若是畏懼的話，不妨先以豬肝、豬腰、豬肺之類的大件，先試著做做看。不過，基本上滾湯燙過水的步驟，一定不能省略。否則，屆時弄得滿鍋的血水凝渣，那可就不好吃囉!!基本上，湯是越滾越甘甜，特別需要注意的是豬舌滾久了，味道還是很讚，其他大件滾久了，可就容易老而膩了，這點，在家DIY時，一定要留心。滾水燙過的豬內臟，先以冰塊冰鎮，讓肉凝縮一下，這樣口感會更有彈性。冬粉下鍋前，記得泡水讓它膨脹，再用滾水快熟。起鍋後置放碗內，再盛上滿碗飽含甘甜精華的高湯和豬件切片，灑上冬菜增加鮮味，王老闆說，媽媽在家自己做，小朋友一定一碗接一碗，百吃不膩。

哈瑪星黑旗
魚丸大王

看盡繁華伍十冬　港都美食異域揚
黑旗魚丸依舊在　鼓岩幾度夕陽紅

- 老　　闆：呂榮吉（第二代接班人）
- 店　　齡：五十多冬
- 地　　址：高雄市鼓山區鼓波街 27 之 7 號
- 電　　話：(07)521-0948
- 營業時間：上午 11:00 ～晚上 7:30(賣完為止，
　　　　　　假日約 6 點就賣完了)
- 公 休 日：不一定，每月皆有休假日，但日期不一。
　　　　　　(或許是因為買不到新鮮的魚、或許是有事)
- 人氣商品：魚丸湯
- 創業資金：伍千元（五十年前喲 !!）
- 每日營業額：5 萬元左右
- 每月利潤：約 80 萬

鼓波街　　代天宮

現場描述

　　哈瑪星，曾經是港都繁華的代表，於是在這裡，你可以發現一些看似不起眼、卻擁有相當歷史的道地老店，這些店家見証著哈瑪星的興衰，數十年來始終屹立在此，服務著古往今來、熙來攘往的客人。

　　而在這眾多傳統的老店中，有三家店家，是來到這兒的老饕絕對不能錯過的，

度小月系列・賺翻篇
Money 11　　　153

就是汕頭麵、海之冰以及哈瑪星黑旗魚丸大王,到底這三家店有著怎麼樣的魔力,讓每個人的味蕾可以在此得到最大的慰藉呢?就讓我們一起進入黑旗魚丸的世界,揭開美食的製作料理面紗!

「賣魚丸的喔!住那啦!!」,隨便問問住在哈瑪星的老住民,大家都很輕易的指出哈瑪星黑旗魚丸大王老闆呂榮吉先生的住家。在這裡,魚丸兩字,是呂家的專用名詞,更是地方人,給予呂家五十年歲月的經營,最崇高的敬意。從小到大,哈瑪星人看著呂家,透清早出門挑魚、打漿到下鍋成品,每一步驟都是這麼兢兢業業、小心謹慎,於是,他們放心的把三餐交給呂家的小攤打理,就這樣,隨著哈瑪星人的開枝散葉,哈瑪星黑旗魚丸大王不但遠近馳名,甚至盛名遠播海外,為台灣美食揚威異域再添一頁。

心路歷程

50 多年了,這是哈瑪星黑旗魚丸大王走過的歲月!現年高齡 80 歲的呂添福先生,是第一代的負責人;在當時,僅帶著一卡皮箱,就從嘉義選擇來到這個繁華的城市角落 - 哈瑪星

奮鬥;而年僅 18 歲的呂老先生,先在餐廳擔任學徒,後來成為辦桌的桌頭,期間更經過 7 年的研發改進,終於開發出了屬於自己的獨門黑旗魚丸!

　　一開始，呂添福先生從路邊攤開始做起，攤位上賣的就只有黑旗魚丸湯，由於當時碼頭工人極多，而每到下午、黑旗魚丸湯便成了這群靠勞力辛勤工作的工人們最美味的下午茶了。後來，慢慢在攤子上加入了米糕、碗粿等副食，店面也從路邊攤，落腳到鼓波街邊的騎樓；大約 20 年前，才正式租下了自己的店面，就位在現在店面的隔壁 3、4 家左右，然而在經營了 5、6 年之後，因為房東開出了近乎天價的房屋權利購買金，於是第二代負責人，也就是呂老先生的兒子呂榮吉先生，放棄承租的店面，另行尋找附近原從事服飾經營的店面；也就是現在的現址買下，正式取名為哈瑪星黑旗魚丸大王，轉瞬間，已在現址經營了 10 多年。

現在只要到哈瑪星的朋友，都一定得到這裡嚐鮮一番呢！黑旗魚丸儼然就已成為哈瑪星的名產了。事實上，牆上掛著一禎一禎的名人寫真照片，或是政府官員、地方首長的強力推薦，或是明星歌手、藝壇名人的力挺背書，在在都顯示出，「哈瑪星黑旗魚丸大王」的地位和份量。

經營狀況

命名來由 ◆◆◆◆◆◆◆

原本黑旗魚丸湯是沒有名字的，然而從小學時期就在家裡幫忙的家中老四呂榮吉先生，在買下現址開始經營的時候，決定給這個和自己一起成長的家傳事業一個名稱，他仔細一想，父親是從哈瑪星開始起家的，而且已經在哈瑪星經營了 30 多年了，雖然沒有店招，卻是所有哈瑪星人都知道的美食店家，既然這裡已然成為哈瑪星的名產之一，乾脆就直接以地名命名，取名為「哈瑪星黑旗魚丸大王」！

地點緣由 ◆◆◆◆◆◆◆

早期只是路邊攤的經營方式，由於東西越賣越多，客群也越來越多，於是便在鼓波街的一處騎樓下定點營業，後來更把店家搬遷到代天宮廣場邊的店面；這小片約五、六坪大的小店面，在

經營了 5、6 年後,原本想買下經營,但房東見店家生意好,竟開出了高達 500 多萬的經營權利金。在萬般苦惱中,幸好天公疼好人,機緣巧合下,呂榮吉先生只花了二百多萬元,買下了隔壁距離約 3、4 家店面,原經營服飾店、不到 10 坪大的店家,也就是現址 - 鼓波街 27 之 7 號,之後就一直在原址經營到今天。

食材特色 ◇◇◇◇◇◇◇◇

　　這裡最大的食材特色,就在於黑旗魚丸所選用的魚。既然名為黑旗魚丸,選用的自然就是黑旗魚囉!而這裡所選用的是所謂的「冬瓜肉」,也就是一般拿來做「生魚片」的魚的中段背部,因為這種魚肉吃起來帶點油脂,既 Q 又有彈性!每公斤要價 160 元。除了魚丸選用上等新鮮的魚肉之外,這裡的肉丸和蝦丸也加入了特殊的食材,肉丸加入了扁魚提味,蝦丸則加入荸薺使之更加鮮脆;另外湯頭則是用先前用來煮熟魚丸的湯加入大骨所熬製的,新鮮有彈性的魚丸加上鮮美的湯頭,如果再加上老板選購於中藥行的白胡椒調味,就是一道道地美味的綜合丸湯了!

店舖租金 ❖❖❖❖❖❖❖

　　雖然呂榮吉先生當時以 200 多萬元買下了現址,然而由於這裡的地是屬於代天宮寺廟,呂先生當時買下的僅是經營權,所以目前每月仍然需要支付 15,000 元的廟租租金。

硬體設備 ❖❖❖❖❖❖❖

　　從最早期的路邊攤,到現在的店面,50 多年來,許多的硬體設備,都從當時傳續了下來,所以早期的硬體到底花了多少錢已不可考;然而陸陸續續日益增多的硬體添購,像是冷凍櫃、桌椅等,也花費了老板將近 4、50 萬元!

成本控制 ❖❖❖❖❖❖❖

　　在成本的控制上,由於呂榮吉先生採用的食材都是最新鮮而且高檔的食材,而整個製作的過程上,也因為口味的堅持,同樣需要花費較多的人力及時間,因為如此,說這是個薄利多銷的行業真的不為過。就像呂老板所說的,很多人往往著眼在他每天可以賣出多少錢,卻忽略掉他得花上多少錢才能擁有這樣的品質與生意,因此儘管每天可以賣出 100 斤左右的魚丸,但扣除掉近 9 成的食材及人事營業費用,實際營收僅在 1 成左右。

口味特色 ❖❖❖❖❖❖❖

　　曾在 7-ELEVEN 票選高屏地區前 10 大好吃的店家;雀屏中選的哈瑪星黑旗魚丸大王,它的綜合丸湯是來到這裡的客人必點的食物。這裡的魚丸完全沒有加入硼砂,吃起來之所以 Q 而

且有彈性，全在於老板食材的選擇和一道又一道細心的製作過程，兩相結合才能做出美味的魚丸湯。

首先，它的湯頭就是一大口味特色。一般的魚丸湯往往只用大骨熬製來做為湯頭；這裡，卻使用先前煮魚丸的湯為基礎，再加入大骨熬煮，所以湯頭顯得更加鮮美。接下來，它的口味特色自然就在魚丸本身了。老闆不惜成本，精選黑鮪魚冬瓜肉打成漿後製作的魚丸，在過程中適度加入鹽、蕃薯粉、糖、味素、以及冰塊，協助凝結，並用機器絞拌約 1 小時，方能做出肌理如此細緻的魚漿。之後，再經由手工巧製，一顆一顆捏製成魚丸，並以中火將冷水和魚丸慢慢熬煮半個小時左右，煮熟後冰凍起來，就成了一顆顆透明香 Q 的魚丸了！

客層調查 ◆◆◆◆◆◆

　　早期擺攤時，客群都以碼頭工人為主，然而在成立店家後，由於名氣越來越大，慕名而來的食客自然也越來越多，許多明星和政治人物也都曾來這裡嚐過美食，因此目前的客群除了老客戶之外，一些遠道而來的客人以及年輕人也是主要的客群，吃完後，這些遠來的饕客，還不忘買上生魚丸帶回家當伴手禮呢！

未來計劃 ◆◆◆◆◆◆◆◆

在家排行老四的呂榮吉老板，目前在父親的支持下，和大哥共同經營著現在的店面，老二則在對面經營著哈瑪星的另一家名店－汕頭麵，因此，對於未來，他們都把希望寄託在下一代第三代的身上，等到大伯的兒子退伍之後，呂老板打算找個更大的店面，把呂家的兩大美食－黑旗魚丸湯和汕頭麵結合起來，創造出呂家更大的美食版圖，發揚哈瑪星在地的傳統道地美食！

開業數據大公開

項　　目	數　　字	備　　註
創業年數	50 多年	目前由第二代共同經營
坪數	約 10 坪左右	大約可容納 7、80 人
租金	15,000 元	廟租租金
人手數目	3~4 人，以自家人為主	假日則約 5~6 人
平均每日來客數	每日營業額約 5 萬多元	平均消費額 70 元
平均每月營業額	約 120~140 萬左右	視當月假日多寡而定
平均每月進貨成本	每日約賣出 100 斤的魚丸	有時需視新鮮漁獲量增減
平均每月淨利	約 80 萬	根據專家估計

如何踏出成功的第一步

只要努力，就會有代價！呂榮吉老板感謝父親的辛勞和堅持，才能擁有今日的局面。成功不是一蹴即成的，為了生活、為了家人、為了父親傳承下來的事業，呂老板說再煩再累也會堅持下去。

作法大公開

黑旗魚丸湯

 **材料** （每個的材料）

項　　目	所需份量	價　　格
旗魚丸	6~8 顆	時價
湯頭	一杓	
製作中使用材料（含鹽、糖、蕃薯粉、冰塊　等）	少許	時價

（價格 元/台斤）

在家DIY

　　東西要好吃，新鮮是最重要的；因此如果想在家自製魚丸的話，首先就得到市場採買新鮮的魚肉，這關係著魚丸做出來後，會不會有著魚腥味，另外選擇魚肉的部位也很重要，因此像是製作生魚片的部位用來製作魚丸最為理想；接下來只要把魚肉剁碎、或是使用絞肉機把魚肉絞碎，就可以開始捏製魚丸了，在這裡呂老板還告訴我們一個絕招，那就是如果想捏製一顆有著元寶形狀的魚丸的話，只需要在捏製時用湯匙挖起，就會自然形成元寶的形狀了。不過呂老板也要提醒所有喜歡 DIY 的朋友們，由於一次製作的數量沒有外面店家的多，所以無論在湯頭或食材上，口味上可能都會略差一點，沒辦法那麼的濃馥！

製作方式

前置處理

　　先至市場選購新鮮上等的黑旗魚肉，也就是俗稱的冬瓜肉。經過層層步驟的處理，打成魚漿後，即可開始製作魚丸了。

製作步驟

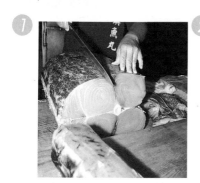

　　先至市場選購新鮮上等的黑旗魚肉，也就是俗稱的冬瓜肉。

　　經過層層步驟的處理，把選購回來的新鮮魚肉剁碎，打成魚漿後，即可開始製作魚丸。

注意剁碎的時候,要順著魚肉的紋理剁,待會兒魚丸才不會有空散的感覺。

美味見證

　　既然是海洋首都的頂級美食,掛在店裡牆上;偌大的高雄市謝長廷市長翹指稱讚的寫真照片,就成了呂老闆自豪的招牌。謝市長過去曾多次光臨小店,不但親切和老闆問候,更是逢人推薦這味港都美食。謝市長最喜歡一碗滷肉飯配魚丸湯,一口氣呼嚕下去,那股子爽勁和美味,是他願意為老闆拍照推薦的最大動力。

將丸子下鍋後，一旦在煮水的
大鍋裡不斷的漂浮滾動，就可
以舀起。

想讓魚丸湯變的好吃，原湯加
原料是最後秘密。

獨家撇步

　　呂老板認為所謂的獨家
撇步都只不過是經驗的累積
罷了！他認為真正撇步在於東西在最好吃的時候吃
完它就對了。就像哈瑪星黑旗魚丸大王之所以能料
理出這麼美味的小吃，是因為量大所以調配起來口
味就夠濃厚，而且客人多、流動量自然就大，當然
食材就顯得特別新鮮，因此，東西總在最好吃的時
候全數賣完，這就是所謂的撇步了。

屏東地區

美味評比：★★★★★	人氣評比：★★★★★
服務評比：★★★★★	便宜評比：★★★★
食材評比：★★★★	地點評比：★★★★
名氣評比：★★★★★	衛生評比：★★★★

里港趙壽山
餛飩豬腳

廟口扁食亭腳攤　五指輪飛三代傳
里港趙家獨此味　壽山餛飩客來嚐

- 老　　闆：趙壽山
- 店　　齡：超過 65 年（從阿公趙文富開始）
- 地　　址：屏東縣里港鄉春林村中山南路 54 號
- 電　　話：(08)775-3633
- 營業時間：早上 8:30 ～晚上 11:00
- 公 休 日：全年無休
- 人氣商品：正港里港壽山餛飩
- 創業資金：100 萬元（民國八十年第三代創業金）
- 每日營業額：4 ～ 5 萬
- 每月利潤：約 80 萬元

現場描述

　　談到里港，有一個非常美麗的地標不得不提，那就是橫跨南二高速公路高屏溪上的斜張橋，車行一旦過了斜張橋、下高速公路往北就是純樸的里港鄉；而里港；還有一項最負盛名的特產，就是餛飩、豬腳。

　　來到趙壽山餛飩豬腳店，首先映入眼簾、令人驚訝的就是偌大停車場，很難想像一個約 40 坪左右的店面，卻擁有約 400 坪的停車場，停車便利，省卻了很多開車族停車的困擾，而就是因為東西好吃，也才能吸引那麼多的客人前來！

到底這家 60 幾年老店有著什麼樣的料理魔力，吸引這麼多的外來客前來一嚐，就讓我們隨著第三代趙壽山先生來一窺究竟！

心路歷程

里港趙壽山餛飩豬腳，創始於民國 28 年，當時是由第一代的阿公趙文富先生開始經營起餛飩豬腳生意。

其實說到現年 80 幾歲的趙文富先生；當年為什麼會開始從事餛飩豬腳的小吃生意？這都得感謝一位賣扁食（也就是餛飩）的阿伯。當時的趙阿公原本是做西裝的，鄰居有一位賣餛飩的老伯，因為要北上和兒子一起生活，於是把自己的攤位和製作餛飩的手藝傳授給趙阿公。

趙阿公也就從原先在舊廟口賣餛飩的小吃攤開始做起，當時人家還給了他一個「扁食富」的外號，後來更自己研發豬腳的製作方式：從早期一碗 2、3 塊到現在一碗 30 塊的餛飩；從舊廟口的小吃攤一路發展成 20 幾坪的小店面，更傳到第三代，由現今的負責人趙壽山以 100 萬左右的創業金、在 84 年搬遷到現在 40 幾坪的店面，其間經歷了 64 個寒暑。

　　而在第三代負責人趙壽山接手之後，雖然曾經遇到長達半年的口蹄疫事件，然而 18 歲就開始掌攤頭的趙先生，因為對小吃有著濃厚的興趣，因此堅持不放棄，才會有今日更光大的局面。

　　另外，儘管目前店內的生意已經很好了，趙壽山先生還是持續研發出各式和豬的有關料理，像是麻油米血、涼拌粉肝等的小菜，8、9 月間他更打算推出新菜色：烤排骨，為的就是希望帶給顧客更多的選擇和滿意！

　　後來更因為遠道而來以及外帶客人的需求，更發展出宅配的服務。這一路走來，趙壽山先生以企業化經營的方式，持續不斷的研發新口味、新產品、提供新服務，就是期許帶給來店的客人每一次不同的驚喜！

經營狀況

命名來由 ❖❖❖❖❖❖❖

　　里港餛飩豬腳，是這家店最原始的名稱，然而隨著趙家生意的興隆，於是里港餛飩豬腳的店家便一家一家的越開越多，尤其位在台二十二線及台三線省道附近，幾乎成為餛飩豬腳店林立的新餛飩豬腳街。有鑑於打著正字老店的店家越來越多，於是正宗老字號的趙家餛飩豬腳，便在 84 年趙壽山先生接手搬遷到現址時，正式命名為「里港趙壽山餛飩豬腳」！

地點緣由 ❖❖❖❖❖❖❖

　　4、50 年前，里港還有港口，原為福州人的趙文富先生便在光復後來到台灣，並在里港的舊廟口附近成家立業，也因此一開始時經營的路邊攤和小店面就位在舊廟口裡；直到民國 84 年，

第三代的負責人趙壽山先生，才把店面搬遷到位在台二十二線及台三線省道交叉路口，除了擁有 40 幾坪的店面外，還有著近 400 坪的停車場。

店舖租金 ❖❖❖❖❖❖❖

　　目前的店面和停車場都是承租而來的，然而由於與店東之間的協議，所以趙先生不方便透露租金的價格；倒是趙壽山先生提起，目前正在尋覓更大且更具地標性的地點，朝著企業化、電腦化、分店的方式經營。

食材特色 ❖❖❖❖❖❖❖

　　由於店家最標榜的是餛飩和豬腳，所以我們就針對餛飩和豬腳的食材加以說明。

　　由於餛飩的內餡關乎餛飩的口感，因此在製作上肉類分配比例就顯得相當重要，這裡的餛飩是採用一斤約 80 塊錢、上等的豬小里肌肉、也就是俗稱的「腰內肉」所製作的，至於湯頭部份，則是採用豬腳高湯熬煮而成的。

　　接下來再提到豬腳的食材，這裡所選用的豬腳是以精選優質「ISO」認證的豬腳，經過清水慢火熬燉幾小時，成為與傳統認知不同的白煮鹽水豬腳，再加上祖傳的秘方以及特製的蒜泥醬油，就是一道不油膩、口感佳的里港豬腳了。

硬體設備 ❖❖❖❖❖❖❖

　　在里港趙壽山餛飩豬腳，最特別的硬體設備就是製作餛飩皮的機器，第一台機器就是粗製皮機，是將一定比例麵粉和水所攪拌而成的麵團，歷經七至八次的攪拌和壓薄，直到麵粉呈現有拉勁，這樣的餛飩皮才會Q。第二台機器則是要將餛飩皮研磨，使餛飩皮更薄更Q，也就是調整餛飩皮的厚度，經過這台機器，可以製作出最薄又富有彈性的餛飩皮。除了這兩台機器之外，像是生材器具、冷氣、冰箱、桌椅等都是必備的硬體設備，當初趙老闆在搬遷到這家店時，也花了大約2、30萬的硬體設備費用。

成本控制 ❖❖❖❖❖❖❖

　　根據趙壽山先生表示，每天的來客量大約是300多人，賣出的豬腳大約在2、300斤左右；然而由於選用的材料皆是上選食材、製作的過程又比較費工，因此光是人事、材料的費用就大約佔營業額的6~8成。而目前除了來店客人的消費之外，外帶及宅配也成為重要的營業項目。

口味特色 ❖❖❖❖❖❖❖

　　這裡的餛飩餡是採用上等的「腰內肉」，再加入蔥末、以及祖傳的的獨家配方所調製而成的，所以吃起來的口感特別的結實、肉汁也格外的香甜；另外歷經兩台機器的攪拌、壓薄、研磨、

及餛飩皮厚度的調整，使得餛飩皮吃起來更加的薄、Q；最後再加入豬腳高湯而熬煮的餛飩湯頭，一道爽口鮮美的趙氏特有餛飩湯就大功告成了！

客層調查 ◇◇◇◇◇◇

　　由於里港趙壽山餛飩豬腳已經做出名號了，而且它的所在位置又位於屏東縣的著名地標 -- 南二高斜張橋下高速公路不遠處、也就是台二十二線和台三線省道的交叉路口，因此食物好吃、口味獨特、地段好、停車便利的種種優越條件下，使得這裡的客層有高達 8 成左右是來自於外地。

未來計劃 ◇◇◇◇◇◇◇

　　關於未來，對於料理小吃有著濃厚興趣的趙壽山先生，最大的計劃就是將傳統小吃以現代的企業化方式經營，無論在食材、人工的管理上，皆以電腦化管理；另外除了保有祖傳風味的餛飩、水煮豬腳外，還將研發出更多的料理、像是配菜部份，更打算研發出滷豬腳的製作方式，總之所有有關豬的料理，都在趙先生的研發目標中。另外更打算開立更多的分店、開拓更多的宅配通路，讓里港趙壽山餛飩豬腳成為一個現代企業化的趙氏企業。

開業數據大公開

項　目	數　字	備　註
創業年數	64 年	目前由第三代接手經營
坪數	40 幾坪的營業面積	約 400 坪的停車場
租金	保密	（附近租金每坪 300~500 不等）
人手數目	10 幾名員工	
平均每日來客數	約 3、400 人	現場估計
平均每月營業額	90 ～ 150 萬	粗估
平均每月進貨成本	30 ～ 35 萬	粗估
平均每月淨利	扣除人事、食材，約佔 2 ～ 3 成約 70 萬上下	根據專家估計

如何踏出成功的第一步

　　趙先生認為自己之所以能夠在餛飩豬腳店林立的里港，成功經營自己品牌的餛飩豬腳店，除了真正老店所擁有的祖傳口味之外，機械製作的餛飩皮，無論在彈性、Q 度上，都能維持穩定的品質，並且不斷的研發新產品，為品質做最嚴格的把關；另外提供給消費者更便利的飲食環境和購買方式，使舊客戶回流、並增加新客戶的來店率，這樣持續不鬆懈的長期努力，是他成功的最主要原因。

作法大公開

里港趙壽山餛飩豬腳

餛飩湯

材料 （每個的材料）

項　　目	所需份量	價　　格
外皮	6	36
內餡	6	60
湯頭	1	自製

（價格 元/台斤）

製作方式

前置處理

1. 肉品的選擇、處理（含餛飩內餡、豬腳）

2. 內餡的選擇、調製

3. 湯頭的熬煮

美味見證

　　人說外行看熱鬧，內行看門道，對喜歡餛飩美食的慶連有線電視節目主播鮑佩瓊來說，里港趙壽山餛飩，可是她遍嚐美食之後，向觀眾們強力推薦的極品。她說，里港趙壽山餛飩不但份量剛好，味道更是鮮美，更不會讓怕胖的女性為之卻步。對她這樣的 OL 來說，買盒現包餛飩，放在冰箱慢慢享用，是最讚的選擇。

製作步驟

首先是餛飩外皮的製作，其間也需兼顧內餡的調理。

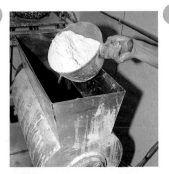

將適當比例的水與麵粉加入特製的粗製皮機中。

將均勻薄度的餛飩皮切成大小適中的方塊。

將製作完成的餛飩皮放入冷凍櫃中冷藏。

獨家撇步

特殊滷汁

特殊沾醬

將包妥特調內餡的餛飩放入滾水中煮熟,這時的時間掌握要特別注意,煮太久外皮會失去彈性。

煮熟的餛飩撈起裝碗,淋上濃醇的豬腳高湯;在灑上青翠的芹菜珠兒,就是一碗色香味俱全的餛飩湯了。

在家DIY

　　有興趣自己在家裡料理水煮豬腳的朋友,豬腳的新鮮當然是最重要的,而豬腳買回之後,放在鹽水中先行川燙過,約 10 分鐘,過完血水再放入冷水中浸泡後,就可以放進熱水中烹煮,如此料理出來的豬腳皮才會比較 Q。而如果家中有冷凍的餛飩,記得先拿出來解凍約 10 幾分鐘,等水滾後再以中火煮 3 ～ 5 分鐘,就是一道美味的餛飩湯了!

老闆給菜鳥的話

　　趙老闆給所有想投入吃這個行業的朋友建議，首先一定要有興趣，而且要了解自己真正有興趣的項目是冷飲、熱食、或者其它種類；接下來還要評估一下自己的資金，如果是路邊攤；大概需要 10 幾萬，如果是冰品或是麵攤；則需要 30 ～ 50 萬元左右，最後就是地點的選擇，選擇人潮多、可是車流量不至於太大的地點是最好的；有了以上三項的考量之後，再決定是不是要投入這個行業吧！

台灣尾夜市導覽

Night Market in South Taiwan

台南・高雄・屏東夜市

台南夜市

　　台南，它位於台灣西南部的平原上，四季氣候溫熱，是台灣最早開發的都市。列名台灣第四大都市的她，目前擁有 70 萬的人口。台南人天性純樸好客，人情味濃厚，由於歷史悠遠，至今仍保存相當豐富的文化和古蹟。行腳到台南，當然一定要「聞香下馬」囉!! 根據一項縣市競爭力的調查顯示，「在地小吃」是目前台灣當紅地方特色產業的第三名，台南府城更是素以古蹟和小吃聞名。台南的小吃，幾乎已經成為這個城市觀光的主角，甚至發展成為文化藝術的一環。

　　台南文化悠遠流長，小吃歷史更是豐富，不但烹調講究，更獨具風味。

想嚐遍府城美食，得先有美食地圖的概念。在中國城小北街和運河南、北街之間的中國城，是兩處經過地方政府規劃的小吃據點，多半是由民族路的攤販搬遷過來。外觀像座傳統的中國樓宇的中國城，這裡的地下美食街，可以說是集臺南小吃大成，對於喜歡府城美味又不習慣夜市喧鬧的消費者來說，是個不錯的選擇。

　　提到府城小吃街，基本上是以小北街夜市、石精臼等地為大本營。有人說，聞名遐爾的府城美食，就像是神態動人的女子，或淡妝、或濃抹，總在華燈初上後，勾懾著無數饕客的味蕾和神經。

　　向晚時分商家才紛紛出籠的小北街夜市，除了招牌地方小吃外，以賣海鮮的攤子居多。小北夜市的前身是民族路夜市，十多年前遷移至西門路以來，吸引本地甚至外來觀光客的青睞，以觀光發展為定位的小北夜市，營業時間以夜間為主，從下午四點起到半夜兩點打烊，但也有部份商販是通宵營業的。

　　民族路的「石精臼」，這是台南早期的小吃重鎮。石精臼位於民族路附近，營業時間以白天為主，像是包含：蚵仔煎、土魠魚羹、虱目魚湯等台式小吃，不一而足。特別是 60 年歷史的老店米糕，更是一絕。石精臼最早指的是民族路廣安宮前廣場攤販，目前則擴大成為以廟宇為中心，向外輻射的約五百公尺以內的區域。

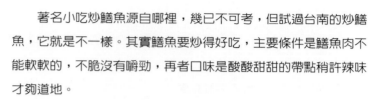

　　著名小吃炒鱔魚源自哪裡，幾已不可考，但試過台南的炒鱔魚，它就是不一樣。其實鱔魚要炒得好吃，主要條件是鱔魚肉不能軟軟的，不脆沒有嚼勁，再者口味是酸酸甜甜的帶點稍許辣味才夠道地。

　　台南縣市是台灣的「虱目魚養殖」重鎮，產量居全省之冠。府城佔近地利之便，到處可看見賣虱目魚料理的小吃店，從魚頭、魚肚、魚皮、魚腸、魚被肉，魚骨還可熬成湯，簡直把虱目魚從頭到尾利用殆盡。虱目魚在台南是蠻受歡迎的食用魚，不過，大部分的人都不敢領教它的刺。其實，吃虱目魚是有要領的，虱目魚的刺雖然很多，可是魚刺都是平行順著同一方向排列生長。所以，吃的時候，夾魚肉的姿勢，讓魚刺的方向與自己牙齒成垂直狀再先咬一小口，魚刺就會全冒出頭，這樣就很容易將魚刺挑掉！更何況，現已有店家先行將魚刺剔除。台南虱目魚粥最有名的，當屬原來在石精臼廟埕營業的 - 阿憨鹹粥。之前，因廟方索回租用地，遷移至公園南路與忠義路口附近繼續營業，由於舊雨新知持續捧場，生意至今仍然很好！

　　肉圓也算是台南小吃中的閃亮明星，它的材料是以米漿蒸熟而成，有別於中部的以番薯粉蒸熟再油炸加熱的方式。府城較有名氣的首推友誠蝦仁肉圓，位於開山路上靠近府前路口，營業時間至傍晚為止。

　　台南的古蹟多、美食更多。因為美食，所衍生的飲食藝術，更是它獨步全台傲人之處。來趟台南美食之旅，品嚐的，不只是對口腹之慾的滿足而已。更深切的，是它百年相傳的文化精髓，和先人的兢兢業業及妙手巧思，勾勒出台灣飲食最精緻的傳承圖譜。

高雄夜市

如果說，南台灣擁有全台灣最好吃的小吃，那麼南台灣最棒的路邊攤，則全集中在高雄市。

對於擁有十處以上大型夜市攤販集中市場，攤販登記數超過兩千攤以上的高雄市來說，這絕不是誇大其詞，而是直言的讚美。一百五十萬的市民人口數，以及每天超過三十萬人次的外來通勤人數，活力充沛的港都高雄，由於組成份子來自四面八方，這些外來移民們，不僅帶來了豐沛的人力資源和資金流動，更引進了許多源自家鄉不同的地道口味。於是，在這片南北狹長，日光照射強烈，全年氣溫偏高的土地上，孕育出兼容酸、甜、苦、辣、

鹹的人客嘴斗。當然，出外人的經濟壓力，也讓這裡的人們，在繁重的日間工作結束後，還會想到是否能加減多掙一點錢；於是，全台灣甚至全世界，最密集的夜市路邊攤販集中奇景，就這麼奇蹟式的出現在高雄。

　　要認識高雄的夜市攤販美食，最好先認識整個高雄市的人口結構、地理組成特色。擁有近一百五十年開埠歷史的打狗港市，原是平埔族群的聚居地，爾後因為明、清兩朝的閩粵移民，逐步發展，甚至和安平港連成一氣。1949 年，又有大批中國大陸各省移民，隨政府落腳高雄，並且依附著軍事單位生根港都。越戰期間，大批的西式餐飲習慣，伴隨美國大兵的強勢消費，融入本地人民生活。於是，依族群聚落所在，而被塊狀分割的夜市攤販飲食特色，就相當明顯地成為高雄人餐飲選擇指標。在這頁夜市攤販地圖上，從最北的楠梓區到最南的小港區，依特色和規模，我們擇定十大夜市攤販區，介紹給所有想投資路邊攤生意，或者想逐香一嚐為快的美食族朋友們，一個參考的依據指南。

　　總計目前高雄全境著名的夜市攤販集中地點，分別是楠梓的後勁夜市，左營的右昌、中山堂、蓮池潭夜市，三民的鼎金、建功、裕誠、鼎山、尖美、自由夜市，鼓山的瑞豐、大廟、中華、

哈瑪星夜市，新興的六合、南華夜市，苓雅的青年、光華、自強夜市，前鎮的五甲、前鎮夜市，小港的小港夜市，旗津的廟口夜市等等。

首先，請把你充滿飢情的眼光，先投向座落楠梓加昌路上的後勁夜市。這個位於中油高雄煉油總廠旁的夜市，古早之前，就因後勁聚落的興盛而成形；之後，再因中油員工鄰近消費的數十年經營，終於成就今日的規模。仔細逛逛這個夜市，它有三個特點，你絕對不能錯過。其一是，麻辣臭臭鍋。臭歸臭，但落口入胃後，那股子直衝腦門的辣勁兒，可是一絕。其二是，爆炒羊肉攤。光是看著老闆大火快炒生猛鮮甜的岡山土羊肉，冒著熱氣香味四溢的端上餐桌，就不禁頓忘世事煩囂。

往南邊走，因為左營海軍軍區的置建，這兒可成了高雄市裡大陸風味小點的密集區。想嚐嚐地道的南京鹹水鴨嗎？還有東北酸菜鍋、山西貓耳朵、山東大饅頭、四川牛肉麵　，這裡的店家，隨便聊聊，恐怕都是祖傳淵源。相對的，在這兒的右昌大廟、中山堂和蓮池潭夜市，就不得不與這裡的店家做出市場區隔。因此，這裡的人，自然養成到右昌買價廉物美的水果，到中山堂買烤雞翅，到蓮池潭買大腸包小腸的習慣。比較特別的是中山堂，由於鄰近軍區，原來的夜市路邊攤，目前發展成許多的快炒小店，專作阿兵哥宵夜生意。至於鄰近半屏山的蓮池潭夜市，因為地處風景區內，加上地方特產菱角，入夜以後，菱角攤的燈光，幾乎成了當地最具特色的風物詩。

說起三民區，高雄夜市攤的大本營；除了早期遷居此地的客家聚落，繁榮了尖美和鼎金一帶幾條夜市大街外，隨著凹子底副都心規劃，所遷入的大批新中產階級移民群，更一口氣撐起了鼎

山、自由和裕誠三大夜市。被譽為高雄理工人才培育搖籃的高雄應用科技大學，也是屬於後起之秀的建功夜市最大客源。這幾處夜市攤，因為客源不同，在飲食攤的叫座排行方面，也互有所長。鼎金和尖美兩處，因為早期客籍移民因素，較偏重傳統麵攤羹湯的供應。不過，尖美夜市因為先有尖美百貨的人潮挹助，後有接收青年路部分搬遷攤販的加持，飲食攤的式樣變化，就十分

趕的上台北的速度。最值得一提的是，當年名震高雄的青年路螺肉嫂，目前遷址在此，想嚐好吃的辣炒螺肉和鮮甜螃蟹，來這準沒錯。還有，如果你往九如路方向多走兩步，更可以嚐到轟動南台灣的萬教羊肉店，它的美味，可是眾家歌星唱完晚會後，必定一聚的平民價格消費場所。其次是新移民炒熱的鼎山、裕誠、自由三大夜市區，由於消費人口多是中產階級的小家庭，在這兒，最熱門的飲食攤，可不是湯湯水水的東東了。七十元起跳，一百二十元以下，全部讓你吃飽為止的小火鍋，或是韓國烤肉攤、路邊牛排攤，才是這裡的正港主角。不過，鼎山夜市的雙仁蚵仔煎，飛魚紙火鍋，一元魯味，以及自由夜市的虱目魚粥、黑人豆漿，

裕誠夜市的四川泡菜鍋、廣東粥，味道還是正的沒話說。

　　鼓山區原是打狗最早開埠對外的門戶，自然的，夜市口味也是走重鹹路線。首先，看到九如四路，鄰近鼓山內惟地區的大廟夜市。這兒白天是菜市攤販的集中地，晚上則一躍成為有名的夜市區。包含鄰近的內惟和前鋒、果貿地區民眾，都是這裡的忠實支持者。說到嚐鮮，位在派出所門口的那攤臭豆腐，老闆一手好功夫，把臭到不行的豆腐，炸到香味四溢，連警察大人也難敵誘惑。其次，若是純為果腹，大廟騎樓的蚵仔麵線、外省麵和水餃，都是粉棒的選擇。若要親身感受一下偶像劇中，那種連吃路邊攤都亂有一把氣質的感受，到位於中華路瑞豐社區隘口的瑞豐夜市就對了，鄰近明誠中學的地緣關係，這兒從早到晚，都可以看到

美美的女學生和帥帥的男學生，手捧著一堆參考書從新學友出來，然後邊走邊吃喝著地方有名的炸雞和大杯果汁。

　　談到吃香喝辣，這裡最有名的，當是烤雞翅和香腸，還有海鮮粥，有機會不妨嚐嚐。不過，你若是到哈瑪星吃夜市美食，你可得做好心理準備；因為，手腳若是不夠麻利的人，恐怕常有遺珠之憾。哈瑪星是古早高雄對外開埠的地方，大廟夜市原來也是碼頭工人們，一嚐經濟實惠的美食所在。許多原是大眾消費的路邊小攤，口耳相傳下也就成了難得的美食老店。魚丸湯、蝦圓湯、潮汕美食小店、海之冰、渡船頭布丁、大西洋冰城　一堆美食攤，絕對讓人流連忘返。

到高雄來玩，沒吃過位於新興區的六合、南華兩大夜市美食，就枉稱來過打狗。新興區的這兩大夜市，並稱為港都觀光的兩大門面。前者一百多攤的全台美食攤大集合，而後者更是高雄人，尋找價廉物美衣服配飾的好去處。說實話，六合夜市幾乎攤攤好吃，各有特色，哪家都不容錯過。海產粥、鹹湯圓、愛玉冰、擔擔麵、土魠魚羹、藥燉排骨、炒羊肉麵、清燉蛇湯、棺材板、鱔魚意麵、生炒花枝、土耳其冰 ．樣樣棒到沒話說。南華夜市距離六合夜市約一、兩百尺處，說實話，它的樣子倒是頂像香港的廟街（女人街）。在這裡，除了令人目不暇給的衣著配飾外，幾個路邊美食小攤，更是令人讚賞不已。路口的愛玉、八寶冰，小巷裡的鴨肉店、泰式美食攤，路尾的日式小料理、當歸鴨、米苔目、四神湯 ，錯過了絕對可惜。

　　苓雅區更是高雄的另一處美食據點。包含遠近知名的青年、光華、自強夜市，幾乎是所有高雄人，若是半夜睏不著，宵夜填肚子的好去處。青年夜市的特色在它的水果攤、關東煮和羊肉料理攤，特別是它鄰近拖吊停車場，經常見到駕駛人追著拖吊車滿街跑的情形。光華夜市的美食攤，特別是炒豬心、米糕飯、排骨酥、廣東粥那幾攤，沒啖成肯定跳腳。自強夜市，因為鄰近大立、漢神百貨，又吸收不少夜店的人客，幾乎是越晚越熱鬧。它的招牌美食，特別是燉土虱、海產粥、小米粥、魯味小舖那幾攤，常看到食客們大排長龍。特別強調，鄰近一百公尺，位於自強和青年路口的幾攤燒烤小店，來自東港新鮮海產的美味，走一趟值回票價。若時間還早，

拐個彎，到青年路底喝碗紅豆牛奶湯，包你幸福一整晚。

　　別小看前鎮、小港這兩個地區喔，位在前鎮加工出口區附近，成功路路底的前鎮夜市和康莊路上的小港夜市，它們可是十數萬勞工朋友們，每天消費飲食的地方。前鎮夜市的特色，在於它一字擺開在路邊的陣仗，遠遠望去，就像是黑暗大海中的明燈，導引著飢餓的人們，尋到一份慰藉。到這裡找吃的，快炒海產，配盤臭豆腐，飯後再來一碗愛玉冰，正港的標準菜單。小港夜市氣勢就大不相同，它等於是個路邊的百貨公司，滿足所有平民消費的渴望。在這兒，坐在路邊大口吃牛排和燒烤雞翅、雞腿，展現海口人阿沙力的氣魄。另外，民權路底的民權夜市，雖然成立時間尚短，但開市時間已逐步增加，顯示後市看好，不過目前特色尚未明朗。附帶一提，一路之隔的鳳山，包含五甲、中山路、青年路三大夜市，也吸引不少高雄市民聞香跨縣而去。

　　坐渡輪到旗津，並不僅限吃海產；事實上，旗津天后宮前一排的夜市攤，也是足堪玩味流連的地方。在這裡，買串烤小卷，或是切盤蕃茄盤，靜靜享受海風吹拂的趣味；真是人生一大快事。

　　山不在高，有仙則名；水不在深，有龍則靈。來趟高雄夜市巡禮，你會發現，攤不在大，好吃最有名。高雄的夜市美食，歡迎吃「重鹹」口味的你，一起來探索奧妙。

屏東夜市

　　從地理位置來看，貌似長柄狀的屏東縣，它的柄頭兩側，分別以高屏溪和中央山脈為界，西和高雄接壤、東與台東為臨。柄尾是著名的恆春半島，被台灣海峽、巴士海峽與太平洋環繞。全縣面積二千七百多平方公里，擁有三十三個鄉、鎮、市，數目居全省第一。屏東大致可區分為西部濱海平原、東部山區及南部恆春半島三大地理區。從族群來說，古稱「阿猴」的屏東，是原住民部落名的譯名。處於全縣東北，標高三千公尺的北大武山，向

來是排灣、魯凱兩大族的聖山。行政院原住民委員會設立的「原住民文化園區」和全國首座「客家文化園區」，同時選在這個地區落腳，足以顯示出屏東多元豐饒的人文之美。

地處於台灣最南端的屏東縣，洋溢著熱帶的風情，更造就出她獨特的自然美食文化。來這，不管是上山或是下海，處處均是鮮美的原味道。到屏東來一趟，您不但可以享受臨海新鮮的絕佳海味，同時可以品嚐自然健康的山林盛宴。說實話，屏東人對美食口味的要求，是要作料紮實、價格便宜，呈現豐富面貌才算數。於是，在這塊土地上的多元種族孕育下，鮮美的海產、野味的山產、鄉土的風味小吃、原民美食甚至客家料理等各式各樣的菜餚，在在都讓饕客們大呼過癮。

屏東臨海，談美食當然先談海鮮。想要品嚐海鮮，屏東的林邊、東港與恆春是三大重鎮，尤其東港更是南台灣最大的漁港。東港漁獲中，以黑鮪魚最為珍貴，肉質鮮美、入口即化，是地方爭取外匯的利器。頂級的黑鮪魚生魚片，素有生魚片中的勞斯萊斯之稱，價錢昂貴。屏東有四大節慶，夏天國際民俗遊戲博覽會、秋天半島藝術季、冬天墾丁風鈴季以及春天的黑鮪魚文化觀光季，黑鮪魚獨獨紅到令其他活動望塵莫及。每年4月到6月的黑鮪魚盛產季節，總吸引許多老饕前往品嚐。此外，與黑鮪魚並列為東港三寶，目前全球只有日本和台灣東港、枋寮海域才有的的櫻花蝦與油魚子，也超受到遊客的喜愛。自明朝鄭成功開埠以來，東港就是南台灣的一大門戶，商船巨艦往來頻繁，全盛時期更和舊名打狗的高雄齊名。今日東港雖然不再以商港著稱，但它依舊是南台灣數一數二的大漁港；黃昏時分，到著名的「華僑市場」閒

逛一下，各類生猛活跳的海鮮，絕對令人食指大動。

再往南，走在墾丁海岸大街上，這裡可是夏天的渡假勝地。不但有各式餐飲、酒吧可供享樂，在墾丁青年活動中心附近的墾丁路，更充滿著洋溢異國情調的餐廳、小館、露天咖啡、PUB、海灘用品店和個性商品店等，提供遊客瞎走閒逛的去處。

談到吃，屏東火車站附近的民族路夜市是地方著名的小吃街，就算是尋常的肉粽、米粉炒、羊肉爐，個個都是真材實料，而且物美價廉，附近更有曹家的道口燒雞和侯家的鹽水鴨滷味。其中，侯家的鹹水鴨，每隻鴨不超過四台斤重，肉質鮮肥幼嫩，老闆用摻了三十多種香料的獨門配方入味，再醃浸四、五個小時後蒸熟，滋味獨步南台灣，這可是屏東人探訪親友時的最佳伴手。

高屏地區的客家族群，散聚在「六堆」一帶；六堆，這裡指的是包括高雄的美濃、屏東的潮州、內埔、萬巒、佳冬等幾個客家聚落鄉鎮地區的共稱。提到這兒的客家菜，南來屏東，若是錯過，包準抱憾終身。緊鄰內埔的萬巒，一向以萬巒豬腳名聞全省。

有一味美味，若非天時、地利、人和，您可能嚐不到。就是位於萬巒鄉萬金村的天主堂，它可是台灣最古老的天主教堂。早在一百五十年前，西班牙神父郭德剛在此傳教，信徒們於是共同建立了這座，以石灰、碎石、蜂蜜、黑糖、火磚及木棉等建材為外牆的大教堂。它曾獲清朝的同治皇帝頒賜「奉旨」及「天主堂」等石碑。萬金天主堂是台灣唯一一座，經教宗聖若望保祿二世批准，晉升為「聖母聖殿」的天主堂，層級僅次於梵諦岡羅馬教廷的大教堂。每年的十二月二十四日平安夜，這兒會舉行彌撒儀式，整村的耶誕裝飾競賽和村內道壇王爺神明起乩同賀的宗教融合景象，還有儀式會後熱騰騰的麻油雞盛宴，絕對令你有不一

樣的感觸。此外，以芋頭粿、鴨肉冬粉、台灣陽春麵為主的恆春台閩小吃，更是一大特色，店家集中在西城門附近的中正路與福德路一帶。

　　台灣人對於美食的五感一向靈敏，事實上，我們可以在許多更細微的地方，發現台灣人真正是狂愛美食的民族。以屏東而言，它除了風景秀麗外，吃的東西更是豐富。像萬巒有肥滋滋的豬腳，林邊有脆甜的黑珍珠蓮霧，里港有盛名遠播的餛飩，潮州更有挑戰舌頭極限的冷熱冰；真的是每個地方都能滿足舌頭的各種慾望啊。

　　炎炎夏日，想從燠熱煩悶的都會解脫出來嗎？來一趟屏東山海美食旅遊，您儘可以上天飛翔，或是入水一探。亦或是，輕車簡從的遍嚐閩、客美食，當然還有大頭目為您熱情烹調的原住民盛宴。豐美的各類美宴，加上「台灣尾」的海天一色及山林盛景，絕對徹底消除您滿身的疲憊。

進福炒鱔魚

- 店齡：35 年
- 地址：台南市府前路一段 46 號
- 電話：(06)227-5519
- 營業時間：上午 11:00 ～凌晨 2:30(假日從上午 10:30 開始)
- 公休日：全年無休

　　炒鱔魚最重要的就是要處理到沒有魚腥味，因此除了鱔魚的親自特殊處理外，配料也是這道食物好吃的重要原因，加入多少比例的醋、糖、蕃薯粉、米酒、蔥、辣椒，怎樣的火候、多少的勾芡，在在都是一門獨門學問。香味四溢的麻油腰子，是一道以形補形的傳統藥膳，腰子的特殊處理，加上快炒的火候，如何以麻油增香、但不至因久煮而萎縮變小，是料理腰子需要特別注意的地方。最後談到活魷魚，這是一道日式吃法的食物，因此除了魷魚發泡的工夫之外，日式豆瓣醬加上梅子汁、蒜頭、薑汁、糖、蕃茄醬所調製而成的祖傳沾醬，是構成這道美味食物不可缺少的重要配角。

阿蘭碗粿

- 店齡：40 年
- 地址：台南縣麻豆鎮西門路二段
  333 巷 8 號 (圓環旁)
- 電話：(06)572-4035
- 營業時間：早上 7:30 ～下午 5:30
- 公休日：無休日

堆積如山的碗粿，層層疊疊的如小山般，是阿蘭碗粿最大的特色。每碗二十五元的價格，便宜又好吃。肚子餓的時候，來碗碗粿，加上熱騰騰的肉羹、豬血湯或是豬腳花生湯，是老人客們的基本組合；若能再來盤小菜，肯定下次一定　擱再來　。阿蘭每天都要賣出上千碗的麻豆圓環碗粿，有香菇、蛋黃、瘦肉、蝦米與蔥酥等餡料，倒入米漿後炊蒸數十分鐘才起鍋，平均每半個小時就有新鮮的碗粿出爐，淋上自製的醬油膏，Q 而不糜的口感常讓人覺得吃一個還不夠飽，一家人出外旅遊，在此落腳簡單地點幾樣菜，花個幾百塊就能討好味蕾了。

油雞是羊城的招牌菜色；在浸料中加入數種的中藥材，是羊城的食材特色之一；另外在沾醬滷汁上，則是採用了十幾種食材調配而成，古法祖傳的調配方式，也是一大特色。羊城小食最有名的，當然是當家的油雞料理。這道油雞作法，與一般油雞最大的不同點，就在於它是採用半烹半浸的手法，達到維持肉質甜味目的。這項浸料中，同時加入高級中藥材，讓撈出來的雞肉顏色，從外觀看起來更加油亮光滑，吃起來則脆、軟、皮 Q。

羊城小食

- 店齡：53 年
- 地址：台南市中正路 199 巷 5 號
- 電話：(06)222-5815、221-6609
- 營業時間：上午 10:00 ～晚上 9:00
- 公休日：全年無休、惟大年夜營業
  到下午 5:00(全年僅休此 4 小時)

古堡蚵仔煎

　　古堡蚵仔煎的食材特色，強調的就是新鮮，取自台南安平外海蚵棚現採現剝的鮮蚵，是製作一盤美味的蚵仔煎不可或缺的。另外，淋在蚵仔煎上的醬料也是一大關鍵。這份醬料，是由蕃茄醬，以一比一比例，混合蕃薯粉，調成甜而不膩，濃淡適中的醬汁，如此才能襯出蚵肉的鮮美可口。古堡蚵仔煎的絕佳口味，因此被冠上了「海底牛奶」的美譽！除了蚵仔本身要新鮮之外，還得要現採現剝、沒泡過水；如此，才能引出海蚵的鮮甘甜味。另外蕃薯粉的厚薄也非常重要，另外煎的火候更是要好好的拿捏，才不至於太早起鍋而糊成一團、或是太晚起鍋而太過焦硬。

- 店齡：33 年
- 地址：台南市效忠街 85 號
- 電話：(06)228-5358
- 營業時間：早上 10:00 ～晚上 7:00(冬天則只營業到晚上 6:30)
- 公休日：每週一、及下大雨無法營業的日子

友誠蝦仁肉圓

- 店齡：54 年
- 地址：台南市開山路 118 號
- 電話：(06)224-4580
- 營業時間：早上 9:30 ～晚上 8:00 左右 (賣完為止)
- 公休日：過年、清明、端午節

　　友誠蝦仁肉圓強調淡雅的風味。吃起來除了外皮細薄軟嫩，口感鮮脆的肉餡更是重點。製作時對用料的堅持，即是成就好口味的主因。在製作外皮時，只選用一年以上、黏合性較佳的在來舊米，經泡水後磨成米漿，待煮至半熟冷卻後，再加入地瓜粉，即可增加肉圓外皮的韌性。而內餡部份，則是將碎肉、紅蔥頭炒熟調味後，熬煮過濾的獨家肉燥，再加上抽沙後的新鮮火燒蝦，呈現清爽的口感。最後將包好的肉圓，蒸約 8 分鐘，即完成口味獨特的蝦仁肉圓。事實上，除了主商品蝦仁肉圓外，同樣有著獨特友誠口味的香菇肉羹，對喜好嘴斗的饕客來說，不嚐絕對可惜哦！

阿憨鹹粥

- 店齡：五十二年
- 地址：台南市公園南路 168 號 (石精臼廟口)
- 電話：(06)226-3110
- 營業時間：早上 6:30 ～中午 1:00(賣完為止)
- 公休日：月休 2 天 (初 3、17)

阿憨鹹粥強調自然、新鮮、健康。在第二代接手經營之後，以其食品化工的本科專業，以半企業化的方式加以經營，並以契作的合作方式，達到食材的精選品管！像是蚵仔，便選擇在深海吊棚養殖、未經污染的蚵仔；而油條，同樣選擇無使用回鍋油的店家訂契約合作；食米方面，則以精選的西螺米為主；最後談到最重要的食材 - 虱目魚，虱目魚又名「國姓魚」、「牛乳魚」，張老板同樣以契作的合作方式加以採購，除了提供綠藻供魚食用、讓魚的肉質更加鮮美之外，更要求每尾虱目魚必需在 500 公克以上方可用來烹調。

超好吃的 369 小籠湯包，它的鮮甜味可不是靠味精提味，仰賴的，是真正老雞雞爪的鮮。當然，這裡所賣的產品，衛生新鮮是首要條件！在食材選用上，每天選用百隻雞爪，用大火滾過，再用小火慢熬，慢慢的把骨髓和膠質，融於上湯中。之後，再將這凝膠成凍的雞腳鮮湯凍，和上新鮮上等的後腿豬肉。這樣的內餡，則無需再加任何調味醬油及薑絲，吃起來不但腴香爽口，而且不油膩！另外由手工老麵，透過柔勁打出的麵糰，讓現桿現做現蒸的外皮，吃起來特別的有彈性！還有自行研磨製作的豆漿，以一比十比例的芝麻黃豆為原料，磨成鮮豆漿，慢慢熬煮後，喝起來它的味道當真是格外香濃。

369 小籠湯包

- 店齡：七年
- 地址：高雄市明誠路心園大樓
- 電話：0932991530 07-7013240
- 營業時間：早上 6:30 ～ 10:00 左右 (週六與週日到 11:30)
- 公休日：每週一公休

阿婆冰

阿婆冰採用古法煉製，完全不用人工色素，吃起來酸酸甜甜又有脆度，是阿婆冰歷久不衰的原因。老闆強調，阿婆冰的果脯蜜餞和調味澆汁，全是他依據阿嬤古傳的秘法，採用盛產期新鮮水果泡製而成。但真正阿婆冰的食材秘技重點，是在他發揮現代管理的概念，親嚐台灣四季水果，

然後將它們分門別類，不斷研發搭配出兼具懷古與現代感的特殊冰品料理。

- 店齡：六十年
- 地址：高雄市鹽埕區七賢三路 150 號
- 電話：(07)551-3180,551-7043
- 營業時間：9:00~24:30
- 公休日：無

冬粉王

- 店齡：32 年
- 地址：高雄市鹽埕區大勇路七十之一號
- 電話：07-5514349
- 營業時間：早上 8:00～晚上 8:00
- 公休日：過年、清明、端午、中元普渡

冬粉王的湯頭，簡直令人甘甜到心頭，還會咪咪笑一下喔!!這是每個吃過冬粉王的客人，對這家老店的共同評價。為什麼湯頭會這麼甜呢？老闆娘微笑的說，放心，咱兜決不會用味素來調味啦!!老闆娘說，這鍋高湯是用豬後腿骨的膝蓋頭做湯底，加上豬舌為料，將一鍋湯的美味提煉出來。這可是和市場普遍用豬頭骨燉湯的方法絕對不同。她說，這是她家研究出來的好東西，不同市面上的頭骨湯，含有毒素，會讓身體不健康；她強調，這鍋湯不但滋補養生，對手術後剛病癒的病人更是特別好。此外，配蕃薯飯的菜脯乾，得要用開水川洗三次，浸水兩小時後，再去鹹加辣油、豆油、豆瓣醬和白糖，至少醃製個把禮拜完成。

哈瑪星黑旗魚丸

- 店齡：五十多冬
- 地址：高雄市鼓山區鼓波街 27 之 7 號
- 電話：(07)521-0948
- 營業時間：上午 11:00 ～晚上 7:30
- 公休日：不一定，每月皆有休假日，但日期不一。

　　哈瑪星黑旗魚丸這裡最大的食材特色，就在於黑旗魚丸所選用的魚。既然名為黑旗魚丸，選用的自然就是黑旗魚囉！而這裡所選用的是所謂的「冬瓜肉」，也就是一般拿來做「生魚片」的魚的中段背部，因為這種魚肉吃起來帶點油脂，既 Q 又有彈性！每公斤要價 160 元。除了魚丸選用上等新鮮的魚肉之外，這裡的肉丸和蝦丸也加入了特殊的食材，肉丸加入了扁魚提味，蝦丸則加入荸薺使之更加鮮脆；另外湯頭則是用先前用來煮熟魚丸的湯加入大骨所熬製的，新鮮有彈性的魚丸加上鮮美的湯頭，如果再加上老闆選購於中藥行的白胡椒調味，就是一道道地美味的綜合丸湯了！

趙壽山豬腳餛飩

　　店家最標榜的是餛飩和豬腳，餛飩的內餡關乎餛飩的口感，因此在製作上肉類分配比例就顯得相當重要，這裡的餛飩是採用一斤約 80 塊錢、上等的豬小里肌肉、也就是俗稱的「腰內肉」所製作的，至於湯頭部份，則是採用豬腳高湯熬煮而成的。

　　提到豬腳的食材，這裡所選用的豬腳是以精選優質「ISO」認證的豬腳，經過清水慢火熬燉幾小時，成為與傳統認知不同的白煮鹽水豬腳，再加上祖傳的秘方以及特製的蒜泥醬油，就可以吃到不油膩、口感佳的里港豬腳了。

- 店齡：超過 65 年
- 地址：屏東縣里港鄉春林村中山南路 54 號
- 電話：(08)775-3633
- 營業時間：早上 8:30 ～晚上 11:00
- 公休日：全年無休

小吃界的少林寺
——中華小吃傳授中心

想練就一身好本領，您一定需要一位好師傅領您進門。一年創造出新台幣 720 億小吃業經濟奇蹟的小吃界天后到底是誰？相信你一定很好奇吧！『莊寶  華』這個名字，或許你不是耳熟能詳，但一定略有耳聞、似曾相識。沒錯，她就是桃李滿天下，開創小吃業知識經濟蓬勃的開山鼻祖（現有許多小吃補習班業者，都是莊老師的學生）。

全省教授小吃美食的補習班，不管是立案或沒立案的，屈指一數也有幾十家。在我們採訪過程中，學生始終絡繹不絕，人氣最旺的就屬『中華小吃傳授中心』。創立逾 18 年的『中華小吃傳授中心』教授項目多達 300 餘種，是目前小吃補習班中教授項目最多的，舉凡麵、羹、湯、粥、飯、滷、炒、煎、煮、炸、烤、簡餐、早點、素食、蚵仔麵線、牛肉麵、魯肉飯、壽司、小籠包、蔥油餅、羊肉爐…等各類小吃不勝枚舉。

據莊老師表示：大多數小吃的利潤都有 5 成以上，湯湯水水的小吃利潤更高達 7 成。一個小吃攤的攤車和生財工具成本約 2、3 萬左右，如果營業地點人潮多，生意必佳，一個月約可淨賺 10 萬元左右。莊老師的學生中甚至不乏些小吃金雞母，每月收入高達 20、30 萬元呢！

　　『中華小吃傳授中心』採一對一教學，單教一項學費 2000 元，5 項 7000 元，10 項 10000 元，學的項目越多越划算，但切記一定要有一項是專精的主攻項目，在開業時才能建立口碑。

　　想自己創業當頭家的朋友，歡迎去電詢問相關事宜！簡章免費備索。

中華小吃傳授中心

預約專線：〈02〉25591623
授課地址：台北市 103 長安西路 76 號 3 樓
上課時間：上午 9：30 ~ 下午 9：30

生財工具店家資訊

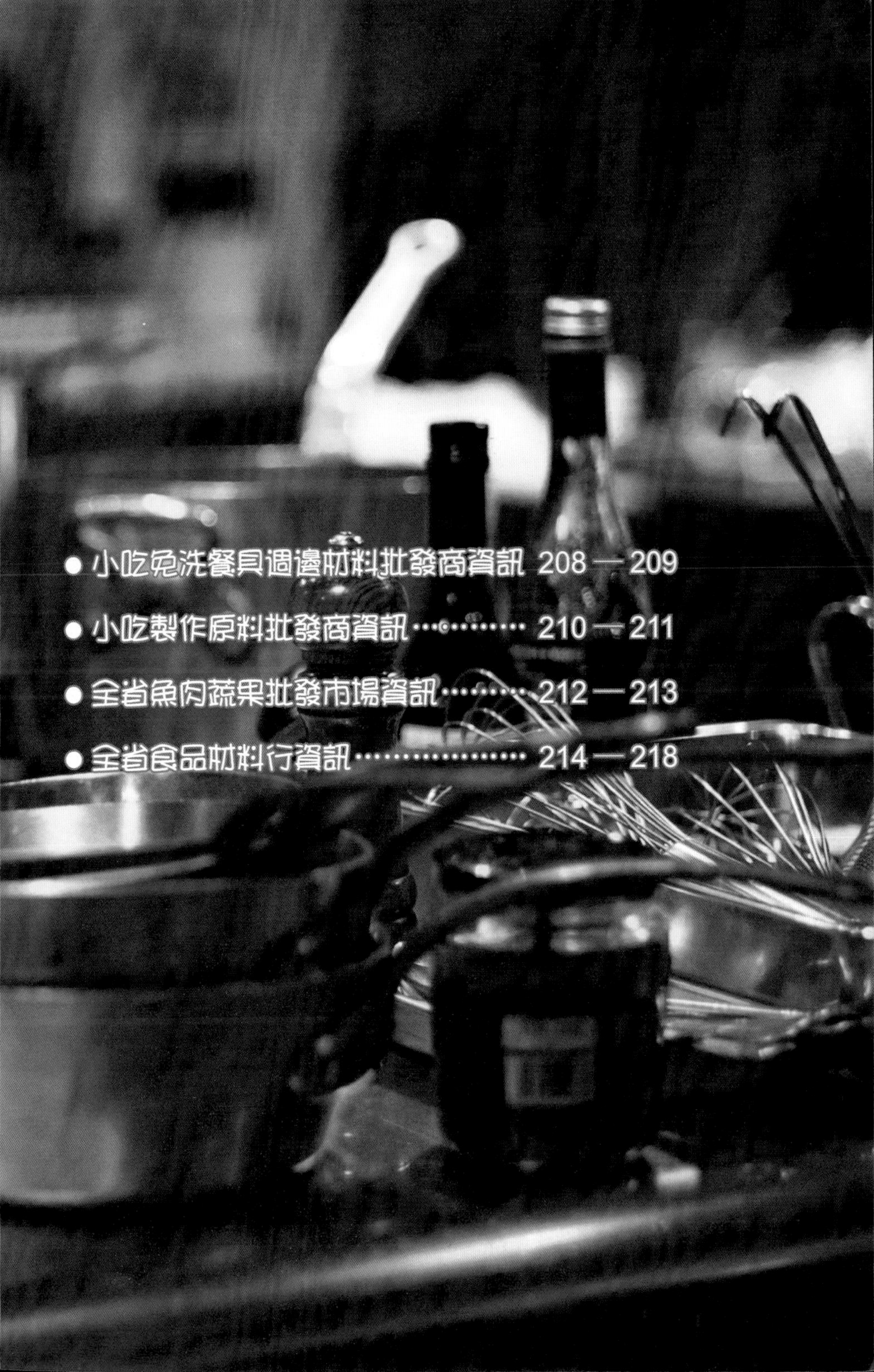

小吃免洗餐具週邊材料批發商

● 台·北·地·區 <<<<<

匯森行免洗餐具公司（大盤）
地址：汀州路 1 段 380 號·詔安街 40-1 號·
建國路 96 號
電話：(02) 23057217·23377395·
86654505·22127392

昇威免洗包裝材料有限公司（大盤）
地址：台北縣新莊市新莊路 526、528 號
電話：(02) 22015159·22032595·
22037035

沙萱企業有限公司
地址：台北縣板橋市大觀路一段 38 巷 156
弄 47-2 號
電話：(02) 29666289

東區包裝材料
地址：通化街 163 號
電話：(02) 23781234·27375767

元心有限公司
地址：台北縣蘆洲市永樂街 61 號
電話：(02) 22896259

新一免洗餐具行
地址：台北縣新店市北新路一段 97 號
電話：(02) 29126633·29129933

仲泰免洗餐具行（大盤）
地址：台北市北投區洲美街 215 巷 8 號
電話：(02) 28330639·28330572

西鹿實業有限公司
地址：台北市興隆路一段 163 號
電話：(02) 29326601·23012545·
22405309

奎達實業有限公司
地址：台北市長安東路二段 142 號 7 樓之 2
電話：(02) 27752211

興成有限公司
地址：台北市寶清街 122-1 號
電話：(02) 27601026

松德包裝材料行
地址：台北市渭水路 22 號
電話：(02) 27814789

釜大餐具企業社
地址：北市漢中街 8 號 3 樓 -1
電話：(02) 23319520

匯森行免洗餐具公司（大盤）
地址：汀州路 1 段 380 號·詔安街 40-1 號·
建國路 96 號
電話：(02) 23057217·23377395·
86654505·22127392

東區包裝材料
地址：通化街 163 號
電話：(02) 23781234·27375767

● 苗·栗·地·區 <<<<<
匯森行免洗餐具公司（大盤）
地址：竹南鎮和平街 46 號
電話：（037）4633365

● 台·中·地·區 <<<<<
嘉容免洗材料行（大盤）
地址：台中縣大里市愛心路 95 號
電話：（04）24069987

● 彰·化·地·區 <<<<<
旌美股份有限公司（中盤）
地址：彰化縣秀水鄉莊雅村寶溪巷 30 號
電話：（04）7696597

上好免洗餐具
地址：彰化市中央路 44 巷 15 號
電話：（04）7636868

● 台·南·地·區 <<<<<
雙子星免洗餐具商行
地址：新市鄉永就村 110 號
電話：（06）5982410 ◎利成免洗餐具行（大盤）
地址：台南市本田街三段 341-6 號
電話：（06）2475328

永丸免洗餐具
地址：台南市民權路 1 段 191 號
電話：（06）2283316

如億免洗餐具
地址：台南市大同路 2 段 510 號
電話：（06）2694698·2904838·2140154·2140155

● 宜·蘭·地·區 <<<<<
家潔免洗餐具行（中盤）
地址：宜蘭縣五結鄉中福路 61-3 號
電話：（039）563819

● 花·蓮·地·區 <<<<<
泰美免洗餐具行（中盤）
地址：花蓮縣太昌村明義 6 街 89 巷 31 號
電話：（038）574555

● 台·東·地·區 <<<<<
日盛免洗餐具
地址：台東市洛陽街 346 號
電話：（089）326988

● 高·雄·地·區 <<<<<
竹豪興業
地址：鳳山市輜汽北二路 21 號
電話：（07）7132466

※如需更詳細免洗餐具批發商資料，請查各縣市
之「中華電信電話號碼簿」—消費指南百貨類「餐
具用品」、工商採購百貨類「即器用品」。

小吃製作原料批發商

● 北·部·地·區 <<<<<

建同行（買材料免費小吃教學）
地址：台北市歸綏街 30 號
電話：(02) 25536578

金其昌
地址：台北市迪化街 132 號
電話：(02) 25574959

金豐春
地址：台北市迪化街 145 號
電話：(02) 25538116

惠良行
地址：台北市迪化街 205 號
電話：(02) 25577755

陳興美行
地址：台北市迪化街一段 21 號（永樂市場
　　　1009）
電話：(02) 25594397

明昌食品行
地址：台北市迪化街一段 21 號（永樂市場
　　　1027）
電話：(02) 25582030

協聯春商行
地址：台北市迪化街一段 224 巷 22 號 1 樓
電話：(02) 25575066

建利行
地址：台北市迪化街一段 158 號
電話：(02) 25573826

匯通行
地址：台北市迪化街一段 175 號
電話：(02) 25574820

泉通行
地址：台北市迪化街一段 141 號
電話：(02) 25539498

泉益有限公司
地址：台北市迪化街一段 147 號
電話：(02) 25575329

象發有限公司
地址：台北市迪化街一段 101 號
電話：(02) 25583315

郭惠燦
地址：台北市迪化街一段 145 號
電話：(02) 25579969

華信化學有限公司
地址：台北市迪化街一段 164 號
電話：(02) 25573312

旺達食品公司
地址：台北縣板橋市信義路 165 號 1 樓
電話：(02) 29627347

● 南‧部‧地‧區 <<<<<

三茂企業行
地址：高雄市三鳳中街 28 號
電話：(07) 2886669

立順農產行
地址：高雄市三鳳中街 55 號
電話：(07) 2864739

元通行
地址：高雄市三鳳中街 46 號
電話：(07) 2873704

順發食品原料行
地址：高雄市三鳳中街 51 號
電話：(07) 2867559

新振豐豆行
地址：高雄市三鳳中街 112 號
電話：(07) 2870621

雅群農產行
地址：高雄市三鳳中街 48 號
電話：(07) 2850860

大成蔥蒜行
地址：高雄市三鳳中街 107 號
電話：(07) 2858845

大鳳行
地址：高雄市三鳳中街 86 號
電話：(07) 2858808

德順香菇行
地址：高雄市三鳳中街 80 號
電話：(07) 2860742

順茂農產行
地址：高雄市三鳳中街 113 號
電話：(07) 2862040

立成農產行
地址：高雄市三鳳中街 53 號
電話：(07) 2864732

瓊惠商行
地址：高雄市三鳳中街 41 號
電話：(07) 2866651

天華行
地址：高雄市三鳳中街 26 號
電話：(07) 2870273

全省魚肉蔬果批發市場

● 基·隆·地·區 <<<<<
基隆市信義市場
地址：基隆市信二路 204 號
電話：(02) 24243235

● 北·部·地·區 <<<<<
第一果菜批發市場
地址：台北市萬大路 533 號
電話：(02) 23077130

第二果菜批發市場
地址：台北市基河路 450 號
電話：(02) 28330922

環南市場
地址：台北市環河南路 2 段 245 號
電話：(02) 23051161

西寧市場
地址：台北市西寧南路 4 號
電話：(02) 23816971

三重市果菜批發市場
地址：台北縣三重市中正北路 111 號
電話：(02) 29899200~1

台北縣家畜肉品市場
地址：台北縣樹林市俊安街 43 號
電話：(02) 26892861 26892868

● 桃·園·地·區 <<<<<
桃園市果菜市場
地址：桃園縣中正路 403 號
電話：(03) 3326084

桃農批發市場
地址：桃園縣文中路 1 段 107 號
電話：(03) 3792605

● 新·竹·地·區 <<<<<
新竹縣果菜市場
地址：新竹縣芎林鄉文山路 985 號
電話：(03) 5924194

新竹市果菜市場
地址：新竹市經國路
電話：(03) 5336141

● 台·中·地·區 <<<<<
台中市果菜公司
地址：台中市中清路 180-40 號
電話：(04) 24262811

台中縣大甲第一市場
地址：台中縣大甲鎮順天路 146 號
電話：(04) 6865855

● 苗·栗·地·區 <<<<<
苗栗大湖地區農會果菜市場
地址：苗栗縣大湖鄉復興村八寮灣 2 號
電話：(037) 991472

● 彰·化·地·區 <<<<<
彰化鹿港鎮果菜市場
地址：彰化縣鹿港鎮街尾里復興南路 28 號
電話：(04) 7772871

● 雲·林·地·區 <<<<<
雲林西螺果菜市場
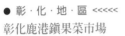
地址：雲林西螺鎮
電話：(05) 5866566

雲林斗南果菜市場
地址：苗栗縣大湖鄉復興村八寮灣 2 號
電話：(037) 991472

● 嘉·義·地·區 <<<<<
嘉義市果菜市場
地址：嘉義市博愛路 1 段 111 號
電話：(05) 2764507

嘉義市西市場
地址：嘉義市圓華街 245 號
電話：(05) 2223188

● 台·南·地·區 <<<<<
台南市東門市場
地址：台南市青年路 164 巷 25 號 4-1 號
電話：(06) 2284563

台南市安平市場
地址：台南市安平區效忠街 20-7 號
電話：(06) 2267241

● 高·雄·地·區 <<<<<
高雄市第一市場
地址：高雄市新興區南華路 40-4 號
電話：(07) 2211434

高雄縣果菜運銷股份有限公司
地址：高雄市三民區民族一路 100 號
電話：(07) 3823530

高雄縣鳳山果菜市場
地址：高雄縣鳳山五甲一路 451 號
電話：(07) 7653525

● 屏·東·地·區 <<<<<
屏東縣中央市場
地址：屏東縣中央市場第 2 商場 23 號
電話：(08) 7327239

● 宜·蘭·地·區 <<<<<
宜蘭縣果菜運銷合作社
地址：宜蘭市校舍路 116 號
電話：(039) 384626

● 花·蓮·地·區 <<<<<
花蓮市蔬果運銷合作社
地址：花蓮縣中央路 403 號
電話：(038) 572191

● 台·東·地·區 <<<<<
台東果菜批發市場
地址：台東市濟南街 61 巷 180 號
電話：(089) 220023

全省食品材料行

北部食品材料行

證大	(02)2456-9255	基隆市七堵明德一路247號
美豐食品原料行	02-24223200	基隆市孝一路36號
富盛烘焙材料行	02-24259255	基隆市南榮路50號
嘉美行	(02)2462-1963	基隆市豐稔街130號B1
楊春美烘焙材料行 營業時間 :09:00AM-10:00PM	(02)2429-2434 (02)2429-5695	基隆市成功二路191號

大葉高島屋	02-28312345	台北市士林區忠誠路二段55號
僑大生活百貨	02-28315466	台北市士林區德行西路45號
大　億	(02)2883-8158	台北市大南路434號
益和商店	(02)2871-4828	台北市中山北路七段39號
福利麵包	(02)2594-6923 (02)2702-1175	台北市中山北路三段23-5號 台北市仁愛路四段26號
珍饌坊	02-26589985	台北市內湖區環山路二段133號1樓
皇　品	(02)2658-5707	台北市內湖路二段13號
元　寶	(02)2658-8991	台北市內湖環山路二段133號2樓
惠　康	(02)2872-1708	台北市天母北路58號
洪春梅西點器具	(02)2553-3859	台北市民生西路389號
白鐵號	(02)2551-3731	台北市民生東路二段116號
同　燦	(02)2553-3434	台北市民樂街125號
孟老師	(02)2364-1010	台北市和平東路1段14號7樓
萊　萊	(02)2733-8086	台北市和平東路三段212巷3號
歐品食品行	02-25948995	台北市延平北路四段153巷38號
申　崧	(02)2769-7251	台北市延壽街402巷2弄13號
精美露商店	(02)27415217	台北市忠孝東路3段217巷2弄14號
飛訊公司	(02)2883-0000	台北市承德路四段277巷83號
岱里食品公司	02-27255820	台北市虎林街164巷5號1樓
得　宏	(02)2783-4843	台北市南港研究院路一段96號
加　嘉	(02)2651-8200	台北市南港富康街36號
卡　羅	(02)2788-6996	台北市南港路二段99-2號
媽咪商店	(02)2369-9868	台北市師大路117巷6號
源記食品公司	02-27366376	台北市崇德146巷4號1樓
正大行	02-23110991	台北市康定路3號
義　興	(02)2760-8115	台北市富錦街578號
向日葵烘焙DIY	02-87715775	台北市敦化南路1段160巷16號

倫　敦	(02)2306-8305	台北市廣州街220-4號
果生堂	(02)2502-1619	台北市龍江路429巷8號
全家烘焙材料行 營業時間：9：00~21：00， 星期一休息	29320405 89317273	台北市羅斯福路5段218巷36號（ 萬隆捷運站旁的巷子裡）
崑龍食品公司	02-22876020	台北縣三重市永福街242號
煌成烘焙器具原料行	(02)82872587	台北縣三重市力行路二段79號 huangcheng86@yahoo.com.tw
合　名	(02)2977-2578	台北縣三重市重新路4段214巷5弄6號
艾　佳	(02)8660-8895	台北縣中和市宜安街118巷14號
佳　記	(02)2959-5771	台北縣中和市國光街189巷12弄1-1號
嘉元食品公司	02-29595771	台北縣中和市國光街189巷12弄1-1號
安欣食品原料行	02-22250018	台北縣中和市連成路347巷6弄33號
德麥食品公司	02-22981347	台北縣五股工業區五權五路31號
今　今	(02)2981-7755	台北縣五股四維路142巷14弄8號
Go Go Mall	(02)3233-9158	台北縣永和市永亨路42號
加　嘉	(02)2693-3334	台北縣汐止環河街183巷3號
全成功	(02)2255-9482	台北縣板橋市互助街36號
大家發烘焙食品原料量販店	(02)8953-9111	台北縣板橋市三民路一段99號 service@dagafa.com.tw
超　群	(02)2254-6556	台北縣板橋市長江路三段112號
上筌食品原料行	02-22546556	台北縣板橋市長江路三段112號
旺達食品公司	02-29620114	台北縣板橋市信義路165號
聖　寶	(02)2963-3112	台北縣板橋市觀光街5號
虹　泰	(02)2629-5593	台北縣淡水市水源街一段61號
郭德隆	(02)2621-4229	台北縣淡水市英專路78號
馥品屋	(02)2686-2569	台北縣樹林鎮大安路175號
吉滿屋	(02)2675-2111	台北縣樹林鎮長壽街9巷33號1樓
永　誠	(02)2679-8023	台北縣鶯歌鎮文昌街14號
鼎香居烘焙DIY專賣店	(02)2998-2335 (02)2992-6465	台北縣新莊市中和街14號
華源食品原料行	03-3320178	桃園市中正三街38-40號
印　象	(03)364-4727	桃園市樹仁一街150號
楊老師	(03)364-4727	桃園市樹仁一街150號
陸光食品原料行	03-3629783	桃園縣八德市陸光1號
和　興	(03)339-3742	桃園縣三民路二段69號
華　源	(03)332-0178	桃園縣中正三街38-40號
艾佳食品行	03-4684557	桃園縣中壢市黃興街111號

乙馨食品行	03-4583555	桃園縣平鎮市大勇街禮節巷45號
東　　海	(03)469-2565	桃園縣平鎮市中興路平鎮街409號
元　　宏	(03)488-0355	桃園縣楊梅鎮中山北路一段60號
台　　揚	(03)329-1111	桃園縣龜山鄉東萬壽路311巷2號
[top]		
新勝食品原料行	035-388628	新竹市中山路640巷102號
正大食品原料行	035-320786	新竹市中華路一段193號
力　　揚	(03)523-6773	新竹市中華路三段47號
新 盛 發	(03)532-3027	新竹市民權路159號
安美食品行	035-364015	新竹市東大路三段228號
萬和行	035-223365	新竹市東門街118號
康迪食品原料行	035-208250	新竹市建華街19號
富　　讚	(03)539-8878	新竹市港南里海浦路179號
普 來利	(03)555-8086	新竹縣竹台北市縣政二路186號
天　　隆	(03)766-0837	苗栗縣頭份鎮中華路641號

中部食品材料行

辰豐實業	(04)425-9869	台中市中清路151-25號
鼎亨烘焙食品器具材料行	(04)26862172	台中縣大甲鎮光明路60號
銘　　豐	(04)425-9869	台中市中清路151-25號
永　　美	(04)205-8587	台中市北區健行路665號
永誠行	(04)224-9876	台中市民生路147號
玉記香料行	(04)310-7576	台中市向上北路170號
利生行	(04)312-4339	台中市西屯路二段28-3號
德　　麥	(04)376-7475	台中市美村路二段56號9樓之2
總　　信	(04)220-2917	台中市復興路三段109-4號
齊　　誠	(04)234-3000	台中市雙十路二段79號
益　　豐	(04)567-3112	台中縣大雅鄉神林南路53號
豐　　榮	(04)527-1831	台中縣豐原市三豐路317號
明　　興	(04)526-3953	台中縣豐原市瑞興路106號

敬崎食品原料行	04-7243927	彰化市三福街197號
玉成源原料行	04-7239446	彰化市永福街14號

永　　明	(04)761-9348	彰化市磚窯里芳草街35巷21號
上　　豪	(04)952-2339	彰化縣芬園鄉彰南路三段355號
金永誠原料行	04-8322811	彰化縣員林鎮光明街6號
永誠行	(04)724-3927	彰化市三福街195號
豐榮食品原料行	04-5271831	豐原市三豐路317號
漢泰行	04-25228618	豐原市直興街76號

宏 大 行	(04)998-2766	南投縣埔里鎮清新里雨樂巷16-1號
順興食品原料行	049-333455	南投縣草屯鎮中正路586-5號
信　　通	(04)931-8369	南投縣草屯鎮太平路二段60號

南部食品材料行

新瑞益	(05)222-4263	嘉義市西榮街134號
新瑞益	(05)286-9545	嘉義市新民路11號
福 美 珍	(05)222-4824	嘉義市西榮街135號
名　　陽	(05)265-0557	嘉義縣大林鎮蘭州街70號
新豐食品原料行	(05)534-2450	雲林縣斗六市西平路137號
彩　　丰	(05)534-2450	雲林縣斗六市西平路137號
新瑞益	(05)596-4025	雲林縣斗南鎮七賢街128號
永誠行	(05)632-7153	雲林縣虎尾鎮德興路96號
瑞　　益	(06)222-4417	台南市中區民族路二段303號
富　　美	(06)237-6284	台南市北區開元路312號
上　　品	(06)299-0728	台南市永華一街159號
上輝原料行	06-2961228	台南市德興路292巷16號
銘　　泉	(06)246-0929	台南市安南區開安四街24號
世 峰 行	(06)250-2027	台南市西區大興街325巷56號
玉 記 行	(06)224-3333	台南市西區民權路三段38號
永　　昌	(06)237-7115	台南市長榮路一段115號
永　　豐	(06)291-1031	台南市南區賢南街158號1樓

佶祥食品原料行	06-2535223	台南縣永康市鹽行路61號
和　　成	(07)311-1976	高雄市三民區熱河一街208號
德興烘焙原料專賣店	(07)3114311-4	高雄市三民區十全二路 101 號
正　大　行	(07)261-9852	高雄市五福二路156號
玉　　記	(07)236-0333	高雄市六合一路147號
德　　麥	(07)725-9930	高雄市正言路107巷3號13樓之1
旺　來　昌	(07)713-5345	高雄市前鎮區公正路181號
新　鈺　成	(07)811-4029	高雄市前鎮區前鎮二巷4-17號
薪　　豐	(07)722-2083	高雄市苓雅區福德一路75號
烘　焙　家	(07)588-4425	高雄市慶豐街28-1號
十　　代	(07)381-3275	高雄市懷安街30號
福　　市	(07)346-3428	高雄市仁武鄉高楠村後港巷145號
茂　　盛	(07)625-9679	高雄縣岡山鎮前鋒路29-2號
旺　來　興	(07)392-2223	高雄縣鳥松鄉大華村本館路151號
順　　慶	(07)746-2908	高雄縣鳳山市中山路237號
旺　來　興	(08)823-7896	屏東市民生路79-24號
裕　　軒	(08)788-7835	屏東縣潮州鎮太平路473號

東部食品材料行

立　　高	(03)938-6848	宜蘭市孝舍路29巷101號
典　星　坊	(03)955-7558	宜蘭縣羅東鎮林森路146號
裕　　順	(03)954-3429	宜蘭縣羅東鎮純精路60號
萬　客　來	(03)835-8730	花蓮市和平路440號
玉　　記	(08)932-6505	台東市漢陽路30號

※為避免資料有所更動，請在出發前與店家先電話聯絡確定。

作　　者	杜韋、謝士佩
攝　　影	魯希文、王正毅

發 行 人	林敬彬
主　　編	楊安瑜
責任編輯	林雅玲
美術編輯	像素設計　劉濬安
封面設計	像素設計　劉濬安

出　　版	大都會文化　行政院新聞局北市業字第89號
發　　行	大都會文化事業有限公司
	110台北市基隆路一段432號4樓之9
	讀者服務專線：（02）27235216
	讀者服務傳真：（02）27235220
	電子郵件信箱：metro@ms21.hinet.net
	公 司 網 站：www.metrobook.com.tw
郵政劃撥	14050529　大都會文化事業有限公司
出版日期	2005年1月初版第一刷
定　　價	280元
I S B N	986-7651-30-8
書　　號	Money-011

Metropolitan Culture Enterprise Co., Ltd.
4F-9, Double Hero Bldg., 432, Keelung Rd., Sec. 1,
TAIPEI 110, TAIWAN
Tel: 886-2-2723-5216　Fax: 886-2-2723-5220
E-mail:metro@ms21.hinet.net
Web-site: www.metrobook.com.tw

Printed in Taiwan. All rights reserved.
※本書若有缺頁、破損、裝訂錯誤，請寄回本公司調換※
版權所有 翻印必究

大都會文化

大都會文化
METROPOLITAN CULTURE

國家圖書館出版品預行編目資料

路邊攤賺大錢. 賺翻篇／杜韋，謝士佩作.
-- -- 初版 -- --
臺北市：大都會文化，2004〔民93〕
面；公分 . -- -- （Money；11）
ISBN 986-7651-30-8（平裝）
　　　　　　1.飲食業 2.創業
483.8　　　　　　　　　93020160

《路邊攤賺大錢─賺翻篇》

北 區 郵 政 管 理 局
登記證北台字第9125號
免　貼　郵　票

大都會文化事業有限公司
讀者服務部收
110 台北市基隆路一段432號4樓之9

寄回這張服務卡（免貼郵票）
您可以：
◎不定期收到最新出版訊息
◎參加各項回讀優惠活

大都會文化 讀者服務卡

書號：Money-011　路邊攤賺大錢【賺翻篇】

謝謝您選擇了這本書！期待您的支持與建議，讓我們能有更多聯繫與互動的機會。
日後您將可不定期收到本公司的新書資訊及特惠活動訊息。

A. 您在何時購得本書：_____年_____月_____日

B. 您在何處購得本書：_____書店，位於_____（市、縣）

C. 您從哪裡得知本書的消息：1.□書店 2.□報章雜誌 3.□電台活動 4.□網路資訊 5.□書籤宣
傳品等 6.□親友介紹 7.□書評 8.□其他_____

D. 您購買本書的動機：（可複選）1.□對主題或內容感興趣 2.□工作需要 3.□生活需要 4.□
自我進修 5.□內容為流行熱門話題 6.□其他_____

E. 您最喜歡本書的（可複選）：
1.□內容題材 2.□字體大小 3.□翻譯文筆 4.□封面 5.□編排方式 6.□其他

F. 您認為本書的封面：1.□非常出色 2.□普通 3.□毫不起眼 4.□其他_____

G. 您認為本書的編排：1.□非常出色 2.□普通 3.□毫不起眼 4.□其他_____

H. 您通常以哪些方式購書：（可複選）
1.□逛書店 2.□書展 3.□劃撥郵購 4.□團體訂購 5.□網路購書 6.□其他

I. 您希望我們出版哪類書籍：（可複選）
1.□旅遊 2.□流行文化 3.□生活休閒 4.□美容保養 5.□散文小品 6.□科學新知 7.□藝術
音樂 8.□致富理財 9.□工商企管 10.□科幻推理 11.□史哲類 12.□勵志傳記 13.□電影
小說 14.□語言學習（____語）15.□幽默諧趣 16.□其他_____

J. 您對本書（系）的建議：_____
_____

K. 您對本出版社的建議：_____
_____

讀 者 小 檔 案

姓名：_____ 性別：□男 □女 生日：_____年_____月_____日

年齡：□20歲以下 □21～30歲 □31～50歲 □51歲以上

職業：1.□學生 2.□軍公教 3.□大眾傳播 4.□服務業 5.□金融業 6.□製造業 7.□資訊業
8.□自由業 9.□家管 10.□退休11.□其他_____

學歷：□國小或以下 □國中 □高中／高職 □大學／大專 □研究所以上

通訊地址：
_____

電話：（H）_____（O）_____ 傳真：_____

行動電話：_____ E-Mail：_____

如果您願意收到本公司最新圖書資訊或電子報，請留下您的 E-mail 地址。

大都會文化總書目

您可以採用下列簡便的訂購方式：
● 請向全國鄰近之各大書局或上博客來網路書店選購
● 劃撥訂購：請直接至郵局劃撥付款。
　帳號：14050529
　戶名：大都會文化事業有限公司
　　（請於劃撥單背面通訊欄註明欲購書名及數量）